超简单下饭菜

萨巴蒂娜　主编

中国轻工业出版社

目录

杭椒炒香干
045

麻婆豆腐
046

干煸四季豆
047

尖椒酿
048

红油金针菇
049

香辣土豆条
050

糖醋排骨
052

糖醋里脊
053

肉末酸豆角
054

番茄牛尾
055

酸汤土豆肥牛
056

酸菜羊肉煲
058

番茄黑椒煎鸡胸
059

番茄酱烤鸡翅根
060

菠萝苦瓜炖鸡锅
061

醋熘鸭胗
062

酸梅酱烤鸭肉
063

开胃番茄鱼片
064

酸菜鱼
065

糖醋脆皮鲈鱼
066

香梨咕咾鱼
067

酸甜小炒鱼
068

醋烧鲤鱼
069

柠檬龙利鱼柳
070

烤圣女果
071

酸汤龙利鱼
071

番茄鱼片
072

柠檬汁烤三文鱼骨
073

香煎青柠三文鱼
074

醋渍章鱼
075

西班牙冷汤配虾仁
076

酸甜番茄虾
078

茄汁蟹味菇
079

番茄豆腐羹
080

番茄炒菜花
081

酸甜炸藕丁
082

醋熘甘蓝
083

番茄炖长茄
084

CHAPTER
3
肉食动物
干饭人干饭魂

山楂烧肉
086

蒜泥白肉
088

橙汁叉烧肉
089

梅子排骨
090

京酱肉丝
091

猪肉酸菜炖粉条
092

干锅腊肉菜花
093

黑四剁
094

肉末烧茄子
095

尖椒炒大肠
096

酱爆猪肝
097

XO 酱炒牛肉
098

黑椒牛柳
099

香锅牛排
100

茄汁薄荷炖小牛腱
102

蒜烧牛肉粒
103

葱爆肉
104

孜然羊肉
105

酱爆鸡丁
106

彩椒炒鸡丁
107

子姜炒鸭
108

啤酒鸭
109

豆瓣鱼
110

糖醋虾球
111

雪菜烧带鱼
112

酱油虾
114

蒜蓉蒸虾
116

香炒鱼子
118

五味小章鱼
119

咖喱炖牛肉
120

白酒煮花蛤
122

CHAPTER
4
好汤送饭
浓淡皆宜，
暖心暖胃

排骨玉米汤
124

山药薏米猪骨汤
125

苦瓜黑豆猪骨汤
126

莲藕腔骨汤
127

冬瓜海底椰煲脊骨
128

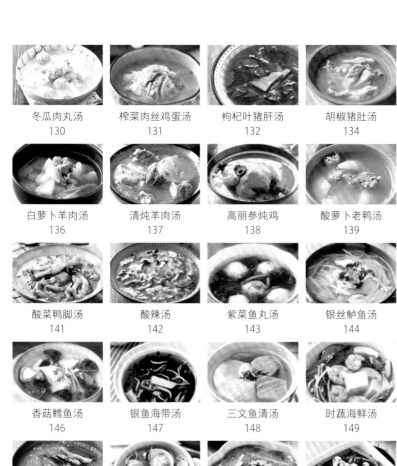

CHAPTER 5

酱料小菜

佐餐伴侣，
浓缩风味

书中菜品制作时间为烹饪时间，通常不含食材浸泡、冷藏、腌制等准备时间。

计量单位对照表

1 汤匙固体材料 ≈ 15 克　　　1 汤匙液体材料 ≈ 15 毫升

1 茶匙固体材料 ≈ 5 克　　　　1 茶匙液体材料 ≈ 5 毫升

CHAPTER

1

无辣不欢

米饭杀手驾到

鱼香肉丝

⏳ 30 分钟　🗑 中等

主料— 猪里脊肉 200 克⋯泡发木耳 50 克
　　　胡萝卜 50 克⋯莴笋 50 克
　　　红椒 50 克

辅料— 料酒 1 汤匙⋯蛋清 1 个⋯胡椒粉 2 茶匙⋯绵白
　　　糖 1 汤匙⋯香醋 20 克⋯生抽 1 汤匙⋯水淀粉
　　　1 汤匙⋯生姜 5 片⋯大蒜 7 瓣⋯葱段 10 克⋯郫
　　　县豆瓣酱 1 汤匙⋯油 1 汤匙

做法

1 猪里脊肉洗净，切成长约4厘米的细丝，放入碗中，加入蛋清、胡椒粉和一半料酒抓匀，腌10分钟。

2 胡萝卜和莴笋洗净，去皮后，均切成长约4厘米的细丝，备用。

3 泡发木耳沥干水分，切成细丝；红椒洗净，切成细丝，备用。

4 将生姜片剁成末；大蒜拍裂，去皮后剁成蒜末；葱段切成末，备用。

5 取一小碗，加入绵白糖、香醋、生抽和剩下的料酒，再加入水淀粉和少量清水，调成汁备用。

6 起锅，放油烧至八成热时下入葱末、姜末、蒜末，用小火煸出香味。

7 放入郫县豆瓣酱，炒出红油，加入腌制好的猪肉，大火翻炒至变色。

8 下入木耳丝、莴笋丝、胡萝卜丝和红椒丝，大火继续煸炒，炒至断生后，淋入调好的酱汁，炒匀即可。

 烹饪秘籍　鱼香口味的菜肴烹制起来都具有一定的难度，姜葱蒜和香醋这些都必不可少，如果为了方便，也可以购买鱼香味调料进行烹饪。

爆炒回锅肉

 30 分钟　　🏛 简单

主料 ── 带皮五花肉 1 条（约 300 克）
　　　　青蒜 100 克

辅料 ── 生姜 1 块…郫县豆瓣酱 25 克
　　　　料酒 1 汤匙…小米椒 6 个…生抽 20 克
　　　　青线椒 2 根…鸡精 1 茶匙

烹饪秘籍

五花肉蕴含丰富的油脂，不用放油，小火慢炒，慢慢就会炒出油脂，持续小火，当看到肉片的颜色变得稍微透明并弯曲时，就可以放入其他食材继续烹饪。

做法

1　将带皮五花肉清洗干净，拔掉浮毛，用刀从中间部分一切为二。

2　起锅，加入冷水，放入五花肉大火煮，水开后撇去浮沫，待五花肉完全成熟后捞出。

3　将五花肉用清水冲洗干净，待凉后切成大薄片，备用。

4　将生姜洗净，切成姜片；小米椒洗净，切成粒，备用。

5　将青线椒洗净，斜切成细丝；青蒜洗净，去掉根部和老叶，斜切成长约 4 厘米的段，备用。

6　起锅加热，锅中不放油，放入肉片和姜片，小火慢慢煎炒，直到五花肉被炒出多余油脂，表面色泽变金黄。

7　随即加入郫县豆瓣酱、料酒和小米椒粒，小火煸炒，炒出红油后加入生抽。

8　煸出香味后加入青椒丝和青蒜段，大火煸炒至断生，最后加入鸡精调味，即可出锅装盘食用。

蒜香辣排骨

 30 分钟　简单

主料— 肋排 500 克…大蒜 2 头…小米椒 8 个

辅料— 生姜 1 块…老干妈香辣酱 100 克
　　　　料酒 2 汤匙…蚝油 2 茶匙
　　　　油 2 汤匙…香葱末少许

烹饪秘籍

1　肋排大小要均匀适中，大了不易入味，小了又会太咸。

2　煸炒香辣酱时一定要小火，避免煳锅。

做法

1　将肋排洗净后剁成约5厘米长的段。

2　起锅，将剁好的肋排放入冷水锅中，大火烧开，余烫2分钟，捞出沥干水分备用。

3　将大蒜拍碎，去皮，剁成蒜末；小米椒洗净，切成小粒；生姜洗净，剁成姜末备用。

4　另起锅烧热油，油温到五成热时放入姜蒜末和小米椒粒，小火煸香。

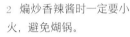

5　将老干妈香辣酱下入锅中，翻炒出红油。

6　将余烫好的肋排倒进锅中，加入料酒和蚝油，小火翻炒均匀。

7　加入清水，水量没过肋排即可，加盖焖煮。

8　大火将汤汁烧开，随即改成中小火，煮至汤汁浓稠后关火，装盘后撒入香葱末，即可食用。

农家小炒肉

 15 分钟　　简单

主料 — 猪五花肉 300 克…蒜苗 2 棵…尖椒 3 个

辅料 — 大蒜 3 瓣…生姜 2 片…生抽 1 汤匙
豆瓣酱 1 汤匙…料酒 1 茶匙
白糖 1/2 茶匙…盐 1/2 茶匙…油 1 汤匙

烹饪秘籍

炒五花肉不宜放太多油，在煸炒的时候会出油。尖椒和蒜苗下锅后要大火快炒，这样吃起来口感才会鲜香爽脆。

做法

1 五花肉切成约3毫米的薄片；蒜苗洗净，切成约3厘米长的小段。

2 尖椒去子，冲洗干净后，斜刀切成丝；大蒜切片、生姜切丝。

3 锅中倒少许油，烧至五成热，放五花肉片小火煸炒至微黄。

4 放蒜片、姜丝炒出香味，加豆瓣酱炒出红油。

5 加料酒、生抽和白糖，翻炒均匀。

6 放入蒜苗和尖椒丝，加盐调味，开大火炒至蔬菜变软即可出锅。

干煸腊肉

 25 分钟　　简单

主料— 腊肉 300 克…蒜苗 150 克

辅料— 大蒜 4 瓣…生姜 1 块…小米椒 4 个
料酒 1 汤匙…绵白糖 1 汤匙
生抽 1 汤匙…油 1 汤匙

烹饪秘籍

腊肉提前一天用温水洗净、浸泡，炒制前用开水煮熟，然后放凉，切片的时候更容易成形，腊肉的香气也可以完全散发出来。

做法

1 新鲜蒜苗洗净，去掉根部和老叶，斜切成 4 厘米长的段备用。

2 将煮好的腊肉切成薄片，切得越薄口感越好，富含脂肪的部分向光可呈半透明状。

3 大蒜去皮、切成末，生姜洗净后切成细丝，小米椒洗净、切成粒，备用。

4 起锅将油烧至八成热，加入小米椒粒、姜丝和蒜末，小火煸炒出香味。

5 放入腊肉，淋入料酒进行煸炒，直到腊肉炒出油，肥肉部分变得晶莹剔透。

6 将蒜苗下入锅中，改用大火迅速煸炒至蒜苗断生。

7 最后加入绵白糖和生抽，翻炒均匀即可出锅。

蚂蚁上树

 30 分钟　 简单

 主料— 龙口粉丝 200 克…猪肉末 100 克

辅料— 料酒 1 汤匙…胡椒粉 2 茶匙…淀粉 1 茶匙
大蒜 6 瓣…小米椒 3 个…郫县豆瓣酱 1 汤匙
生抽 1 汤匙…白糖 2 茶匙…蚝油 1 茶匙
鸡精 1 茶匙…香葱 2 根…油 1 汤匙

做法

1 将干粉丝放入清水中浸泡至变软。

2 将猪肉末放入碗中，加入料酒、胡椒粉和淀粉搅拌均匀，腌制15分钟。

3 将小米椒洗净，切成粒；大蒜拍扁后剥皮，切末；香葱洗净，切成葱末备用。

4 起锅烧热油，油温烧至六成热时，下入猪肉末，中火煸炒。

5 当猪肉末颜色炒至完全变白时，下入小米椒粒和蒜末，煸炒出香味。

6 下入郫县豆瓣酱，改中小火煸炒出红油，随后加入生抽、蚝油、白糖和鸡精翻炒均匀。

7 锅中加入适量清水，大火烧开后，放入已经泡软的粉丝。

8 盖上锅盖煮1分钟，掀开锅盖，大火将汤汁收干，下入香葱末，翻炒均匀即可出锅。

 烹饪秘籍　揭开锅盖收汤汁的时候，注意适当留一点汤汁，不要收得过干。

火爆腰花

⏳ 40分钟　📖 中等

主料— 猪腰500克…红椒50克…青椒50克
油菜心50克

辅料— 油2汤匙…生姜1块…香葱2根
生抽20克…料酒1汤匙
绵白糖2茶匙…香醋2茶匙

烹饪秘籍

汆烫腰丝时要注意火候和速度，时间不宜过久，看到腰丝上的刀花翘起就要立即捞出。

做法

1 将猪腰撕去外皮，清洗干净，从中间剖成两半，小心剔除掉腰臊。

2 在猪腰上每隔大约0.5厘米切出一条刀纹，切勿切断，再把猪腰横过来按刀纹的垂直方向把猪腰切成细丝。

3 将切好的腰丝放入清水中浸泡，可以去除掉血水和臊味，中间再换两次水。

4 将红椒和青椒洗净，切成细丝；油菜心洗净后切成细丝，生姜和香葱洗净，切成细末，备用。

5 起锅加入适量清水，烧至八成热后下入腰丝，迅速搅动后再迅速捞出，放入凉开水中，备用。

6 锅中倒入食用油，油温烧至七成热时，下入葱姜末，小火煸炒出香味。

7 下入青红椒丝，大火煸炒至断生，加入生抽、料酒、绵白糖和香醋，大火煸炒出香味。

8 下入腰丝和油菜丝，翻炒至油菜丝断生，即可出锅装盘食用。

川渝毛血旺

 40 分钟　　中等

主料 — 毛肚 150 克…鸭血 150 克
千张豆腐 100 克…莴笋 100 克
黄豆芽 100 克…午餐肉 100 克

辅料 — 料酒 25 克…干辣椒段 20 克
花椒粒 10 克…重庆火锅底料 150 克
郫县豆瓣酱 50 克…葱末 20 克
蒜末 30 克…姜末 20 克…浓汤宝 1 块
盐 1 茶匙…绵白糖 3 茶匙…老抽 2 茶匙
干辣椒面 10 克…菜籽油 3 汤匙

烹饪秘籍

最后淋入的这层油不仅能保温，还可以给食材继续增加香味，所以油量一定不能少。

做法

1 黄豆芽洗净；莴笋去皮后切成适当大小的薄片备用。

2 鸭血洗净，切块；千张豆腐切片状；午餐肉切片；毛肚洗净，切成小块。

3 烧开一锅水，依次汆烫莴笋片和黄豆芽，断生后立即捞出，沥干，铺在盆中备用。

4 在汆烫莴笋的水中加1汤匙料酒，下入鸭血和毛肚，汆烫3分钟后捞出沥干。

5 起锅烧热油，油烧至五成热时，下入干辣椒段和花椒粒炸香，下入重庆火锅底料和郫县豆瓣酱，用中火煸炒。

6 底料炒化后加入10克料酒和一半姜葱蒜末，继续中火煸炒出香味后加适量清水，下入浓汤宝，大火煮开，改中火煮15分钟。

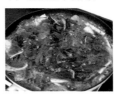

7 用漏网捞出火锅底料渣滓，加入绵白糖、盐和老抽；下入千张豆腐和午餐肉煮熟，再下入鸭血和毛肚煮5分钟。关火后倒入盛有莴笋和豆芽的盆中。

8 撒入剩余姜葱蒜末和辣椒面；起锅烧热油，油温升至九成热时，将油泼在食材表面即可。

泡椒沸腾牛柳

 8分钟　　简单

主料— 牛里脊 300 克

辅料— 红泡椒 2 个⋯泡芹菜丝 15 克
泡姜 15 克⋯料酒 2 茶匙⋯生抽 2 茶匙
淀粉 2 茶匙⋯白胡椒粉 1/2 茶匙
盐少许⋯油适量

烹饪秘籍

牛里脊在腌制前，可以反复多次加入少许水进行抓拌，每次抓拌至里脊肉吸饱水，然后再进行调味腌制，这样炒出来的里脊更嫩更滑。

做法

1 牛里脊用流水清洗干净后切成细丝。

2 切好的里脊丝加料酒、生抽、白胡椒粉、淀粉拌匀腌制片刻待用。

3 红泡椒切成同里脊丝粗细相仿的丝。

4 泡姜先切薄片，然后切细丝待用。

5 热锅入油烧至七成热，下入腌制好的里脊丝，滑至变色后捞出。

6 锅内留少许底油，下入泡椒丝、泡姜丝、泡芹菜丝炒至出香味。

7 然后倒入滑好的里脊丝，翻炒均匀。

8 最后加入少许盐，翻炒调味后即可出锅。

金汤肥牛片

 30 分钟　🏛 简单

主料— 肥牛片 250 克…金针菇 150 克
青线椒 4 根

辅料— 小米椒 8 个…生姜 5 片…大蒜 5 瓣
黄灯笼辣椒酱 100 克…绵白糖 2 茶匙
米醋 1 汤匙…料酒 1 汤匙…高汤适量
盐 1 茶匙…油 1 汤匙

 烹饪秘籍

1 辣椒酱本身带有咸味，所以盐不需要加多，可以尝一下味道再决定盐的用量。
2 如果没有高汤，也可以用清水代替。

做法

1 肥牛片提前解冻好，沥干血水；金针菇洗净，剪掉根部，撕成条，备用。

2 青线椒洗净，去掉辣椒子，切成辣椒圈；大蒜去皮后剁成蒜末；小米椒洗净，切成粒，备用。

3 起锅烧热水，水开后下入金针菇汆烫变软后捞出，沥干水分，放入碗底铺好。

4 接着将肥牛片下入开水中汆烫，撇去浮沫，随即捞出，放在金针菇上。

5 起锅热油，油烧至六成热后，下入蒜末、生姜片、小米椒粒和线椒圈爆香。

6 放入黄灯笼辣椒酱和白糖，翻炒 1 分钟。

7 倒入适量高汤，依次加入料酒和米醋，大火煮开。

8 用筷子夹出汤中的生姜片，加盐调味，关火；将汤浇入肥牛金针菇中，即可食用。

水煮牛肉

⏳ 40 分钟　　🗑 简单

主料 — 牛里脊肉 250 克…莴笋 1 根
黄豆芽 150 克…生菜 50 克

辅料 — 淀粉 2 茶匙…料酒 1 汤匙…鸡蛋 1 个
生姜片 6 片…大葱 50 克
郫县豆瓣酱 2 汤匙…生抽 1 汤匙
大蒜 1 头…干辣椒面 1 汤匙
花椒粉 2 茶匙…菜籽油 100 毫升
香菜末少许

🖌 烹饪秘籍

牛肉片要切得薄厚均匀，
下锅后看到肉的颜色转白
断生后就要关火，加热时
间过长会让肉质变老。

做法

1 新鲜牛肉洗净，逆
着纹理切成长4厘米、
宽2.5厘米的薄片；鸡
蛋分离出蛋清备用。

2 牛肉用淀粉、料酒
及少量蛋清抓匀腌制
10分钟；生姜片切细
丝；郫县豆瓣酱剁细。

3 将生菜去掉根部和
老叶，清洗干净；黄
豆芽洗净；大蒜拍碎，
剁成蒜末，备用。

4 莴笋去掉根部、叶
子和表皮，洗净，切成
长约4厘米、筷子粗细
的段；大葱洗净，切末
备用。

5 起锅烧开水，水沸
腾后依次放入莴笋段、
黄豆芽和生菜汆烫，
断生后立即捞出，依
次码放在大碗中。

6 起锅烧热2汤匙菜籽
油，油八成热时，下入
葱姜末和郫县豆瓣酱，
煸炒出香味，加适量
开水，倒入生抽。

7 开锅后，倒入牛肉，
看到牛肉颜色转白断
生后即可关火，将牛
肉及汤汁倒在捞出的
蔬菜上。

8 均匀撒上蒜末、花
椒粉和辣椒面；另起
锅，将剩余菜籽油烧
至九成热，浇在牛肉
表面，点缀少许香菜
末即可。

夫妻肺片

⏳ 90 分钟　🏛 高级

主料— 牛腱 200 克…牛舌 200 克
牛肚 200 克…香芹 1 根…香葱 1 根

辅料— 生姜片 50 克…大葱段 30 克
料酒 2 汤匙…冰糖 30 克…干辣椒 10 克
老抽 1 茶匙…生抽 3 汤匙
市售卤料包 1 包…香醋 1 汤匙
绵白糖 2 茶匙…辣椒油 3 汤匙
蒜末 50 克…熟白芝麻 3 茶匙
花椒油 1 汤匙…香菜叶少许
油 2 汤匙

烹饪秘籍

1 煮好的牛腱和牛杂放在卤水中冷却，更好入味。
2 肉要等到完全冷却后再切，成品美观，不容易散。

做法

1 将牛腱、牛舌和牛肚用清水洗净。

2 锅中加入葱段和20克生姜片，再加入1汤匙料酒，放入洗好的牛腱、牛肚和牛舌，开火焯水，撇去浮沫。

3 另起锅，烧热油，加入冰糖、干辣椒和剩余姜片翻炒，冰糖炒化后加老抽、2汤匙生抽、1汤匙料酒继续翻炒，加水至没过牛腱和牛杂，放入卤料包。

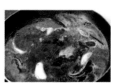

4 将另一锅中焯烫好的牛腱、牛肚、牛舌转移到卤水锅中，小火煮45分钟，关火，冷却。

5 香芹洗净，去掉根部和老叶，茎斜切成粒、叶切碎；香葱洗净，切成末，备用。

6 将切好的香芹和葱末平铺在盘中，备用。

7 将卤好的牛腱和牛肚、牛舌捞出，切成薄片，整齐码在铺有香芹粒和葱末的盘中，备用。

8 将香醋、绵白糖、辣椒油、蒜末、熟芝麻和生抽、卤汁各1汤匙，与花椒油拌匀，淋入盘中，点缀香菜叶即可。

爆炒肥肠

 35分钟　　中等

主料— 卤肥肠 300 克

辅料— 青杭椒 5 个…红杭椒 1 个…姜 1 小块
豆瓣酱 1 汤匙…蒜 5 瓣…油 2 汤匙

做法

1 卤肥肠切成3厘米的小段，青红杭椒洗净、切小
段，姜蒜改刀切片。
2 锅中倒油，烧至五六成热，放姜蒜片，小火炒
至微微焦黄。
3 放豆瓣酱，炒至出红油，放入肥肠大火翻炒
至肥肠裹满红油。
4 加青红杭椒，炒至变色即可关火。

红油百叶

 10分钟　　 中等

主料— 牛百叶 1 张

辅料— 香油辣酱 2 汤匙…料酒 1 汤匙

⇨ 香油辣酱做法见 P178

做法

1 一整块牛百叶从中间分成两块，然后再从中间
切一刀分成四块，切成细丝。
2 锅中烧开水，倒入料酒，放入牛百叶烫30秒
捞出，过两遍凉水。
3 浇上香油辣酱，搅拌均匀即可。

烹饪
秘籍

牛百叶烫熟后过凉水或者冰水，可以保持其
有的脆脆口感。

香辣啤酒羊肉

 120 分钟　　🏛 简单

🔵 主料 — 羊肉 500 克…胡萝卜 2 根

🔵 辅料 — 生姜 1 块…葱段 10 克…干辣椒 10 个
老干妈豆豉酱 2 汤匙…老抽 2 茶匙
生抽 2 汤匙…卤料包 1 包…啤酒 250 毫升
油 1 汤匙…香菜末少许

羊肉切块后放入锅中焯
水，撇掉浮沫后，可以
使羊肉的口感更好。

做法

1 羊肉洗净，切成 2 厘米见方的块；胡萝卜去皮、洗净，切成滚刀块，备用。

2 生姜去皮、洗净，切成姜片；葱段斜切成片；干辣椒洗掉灰尘，剪成小段，备用。

3 羊肉块放入冷水中，大火烧开，撇去血沫随即捞出用清水冲净，沥干备用。

4 炒锅内倒入适量油，烧至七成热，放入姜片、葱段和干辣椒段，小火煸炒出香味。

5 加入老干妈豆豉酱，小火炒出红油；接着放入焯好的羊肉块，中大火翻炒两三分钟。

6 然后加入老抽和生抽，翻炒调味并使羊肉上色。

7 将炒制好的羊肉转入砂锅中，放入卤料包，倒入啤酒和足量清水，大火开锅后转中小火慢炖 1 小时。

8 1 小时后打开锅盖，放入切好的胡萝卜，拌匀后继续炖 40 分钟，大火将汤汁收干，出锅时撒少许香菜末即可。

藤椒鸡

 20分钟　　中等

主料— 整鸡腿2只

辅料— 青尖椒5个…红尖椒10个…生姜5克
青藤椒2汤匙…料酒1汤匙…生抽2汤匙
花椒油2汤匙…白胡椒粉1/2茶匙
鸡精1/2茶匙…盐1/2茶匙…油适量

烹饪秘籍

青椒段、红椒段在入油锅前加适量盐拌匀腌制片刻，可以更好地出味；煮好的鸡腿捞出后迅速入冰水中，能够增加鸡肉的鲜嫩口感。

做法

1 整鸡腿在流水下清洗干净；姜洗净切姜片。

2 锅中加入适量清水，加入料酒、姜片烧开。

3 开锅后放入鸡腿，煮至再次开锅后，转中火煮至鸡腿熟透捞出。

4 待鸡腿凉后斩成厚约1厘米的块，整齐码在盘中待用。

5 青尖椒、红尖椒去蒂洗净，切碎段；青藤椒洗净待用。

6 锅中入适量油烧热，放入青椒段、红椒段、青藤椒煸至出香味。

7 加入生抽、花椒油、白胡椒粉、鸡精、盐、适量凉白开调成料汁待用。

8 最后将调好的料汁浇在鸡腿上即可，料汁以没过鸡腿为宜。

香辣口水鸡

 40分钟　🍴 简单

主料 — 带皮鸡腿 400 克（约 4 个）

辅料 — 生姜片 30 克…葱段 20 克
料酒、生抽、辣椒油各 1 汤匙
白糖 2 茶匙…蚝油 1 茶匙…花椒油 2 茶匙
香油 1 茶匙…香醋 1 茶匙…小米椒 15 克
大蒜 6 瓣…熟芝麻 10 克…熟花生碎 20 克

烹饪秘籍

煮鸡腿的时间要根据大小来调整，但切忌煮得过久，否则口感会很老。煮好后闷几分钟，用筷子扎一下鸡肉最厚的地方，没有血水渗出即可。

做法

1 将带皮鸡腿用清水冲洗干净。

2 取一锅冷水，在锅中下入姜片、葱段、料酒，接着放入鸡腿。

3 大火烧开，撇去浮沫，接着中火煮8分钟，关火，盖上锅盖再闷10分钟。

4 闷鸡腿的同时处理辅料。小米椒洗净，去蒂，沥干，切成小粒；大蒜去皮，剁成蒜末。

5 取一个小碗，加入生抽、蚝油、白糖、辣椒油、花椒油、香油、香醋，搅拌均匀，混合成料汁，备用。

6 将鸡腿捞出，沥干水分，放入500毫升冰水里浸泡，彻底降温。

7 将鸡腿从冰水里捞出，撕成适口的小块，放入盘中。

8 将小米椒粒和蒜末加入料汁中，拌匀，浇在鸡腿肉上，撒上熟芝麻和熟花生碎，即可。

宫保鸡丁

 30 分钟　　🏛 中等

主料— 鸡胸脯肉 300 克

辅料— 鸡蛋 1 个…料酒、生抽、香醋各 1 汤匙
淀粉 4 茶匙…蚝油 1 茶匙…绵白糖 1 汤匙
蜂蜜 1 茶匙…花椒粒 10 克…小米椒 4 个
干辣椒段 15 克…大蒜 6 瓣…莴笋 100 克
郫县豆瓣酱 2 汤匙…胡萝卜 100 克
油炸花生米 100 克…姜丝 10 克
葱丝 10 克…油 2 汤匙…香菜末少许

烹饪秘籍

煸炒鸡胸肉时要开大火，下锅后迅速将鸡肉滑散，变色即捞出，可以让鸡肉的口感更加嫩滑。

做法

1 鸡胸脯肉去掉筋膜，洗净，切成 2 厘米见方的块，放入碗中备用；鸡蛋分离出蛋清。

2 向切好的鸡肉中加入蛋清和料酒，再加入 2 茶匙淀粉，抓匀，腌制 15 分钟。

3 莴笋和胡萝卜去皮，洗净，切丁；郫县豆瓣酱剁碎；大蒜切末；小米椒洗净，切成粒。

4 在碗中加入生抽、蚝油、绵白糖、香醋、蜂蜜和剩余淀粉，调匀可成宫保汁，备用。

5 起锅，油温烧至八成热时，下入腌制好的鸡肉块，大火迅速煸炒，鸡肉变色立即盛出。

6 锅留底油烧热，下入花椒粒、干辣椒段、葱姜丝、蒜末和小米椒粒大火爆香，接着下入郫县豆瓣酱，转中小火煸炒。

7 当豆瓣酱炒出红油时，下入胡萝卜丁和莴笋丁，大火煸炒至断生。

8 下入鸡肉翻炒约 1 分钟，沿着锅边淋入宫保汁炒匀，加入油炸花生米，炒匀即可出锅，撒少许香菜末即可。

麻辣鸡翅

⌛ 20分钟　🍴 简单

🔵 主 料 — 鸡中翅 400 克

🔵 辅 料 — 生姜片 3 片···五香粉 30 克···花椒粒 10 克
蜂蜜 1 茶匙···生抽 2 汤匙···绵白糖 1 汤匙
香醋 2 茶匙···蚝油 1 茶匙···油适量
辣椒面 10 克···花椒粉 10 克

🍳 烹饪秘籍

煎鸡翅时盖上锅盖是为了
防止鸡翅里的水分煸干，
口感变柴。

做法

1　将鸡中翅清洗干净，
用刀在两面均匀划开
三刀，放入碗中备用。

2　用生姜片、五香粉、
花椒粒、蜂蜜、生抽、
白糖、香醋和蚝油，将
鸡翅抓拌均匀，放入
冰箱腌制2小时入味。

3　将腌好的鸡翅取出，
用厨房纸巾吸去多余
的汤汁备用。

4　不粘平底锅加热，
在表面刷上薄薄一层
食用油，将腌入味的
鸡翅整齐摆放在锅中。

5　用小火煎制，当看
到鸡翅底部颜色变得
微焦时，翻面，盖上
锅盖。

6　继续用小火煎制，
当鸡翅两面都微焦时，
关火，出锅装盘。

7　在鸡翅两面均匀撒
上花椒粉和辣椒面，
即可食用。

海南鸡

 30 分钟　　简单

主料 — 鸡腿 1 只

辅料 — 海南鸡酱 2 汤匙…料酒 1 汤匙
　　　　盐 1/2 茶匙

➡ 海南鸡酱做法见 P177

 烹饪秘籍

鸡腿煮好后，立即捞出，用冰水浸泡，这样可以保持鸡皮的爽脆。

做法

1　鸡腿洗净。

2　将鸡腿放入碗中，加入料酒和盐，腌制15分钟。

3　锅中烧开水，放入鸡腿，转小火，让水保持在微滚的状态下煮20分钟。

4　捞出鸡腿，放入冰水中降温。

5　将泡凉的鸡腿切块，装盘。

6　将海南鸡酱淋在上面即可。

泡椒鸡杂

 25 分钟　　简单

 主料 — 鸡胗 150 克…鸡心 150 克…鸡肝 100 克

辅料 — 生抽 1 汤匙…绵白糖 1 汤匙
啤酒 150 毫升…老抽 1 茶匙
淀粉 2 茶匙…胡椒粉 2 茶匙
小米椒 6 个…黄色泡椒 50 克
葱末 15 克…姜丝 10 克
西芹 2 根…蒜末 15 克…盐 1 茶匙
油 25 毫升

烹饪秘籍

1 煸炒鸡杂的时候一定要大火爆炒，才能保证口感脆嫩弹牙。

2 鸡胗的片可以切得薄一些，这样更容易成熟。

做法

1 将鸡杂冲洗干净。鸡胗剔掉多余筋膜，切薄片；鸡心从中间切两半；鸡肝切厚片。

2 将鸡杂反复冲洗干净，用厨房纸巾吸去多余的水分。

3 将小米椒洗净，切成粒；黄色泡椒切成粒；西芹洗净，斜切成 3 厘米的长段，备用。

4 碗中加入生抽、绵白糖、啤酒、老抽、淀粉和胡椒粉，搅拌均匀，调成料汁备用。

5 锅中放油烧至七成热，下入蒜末、小米椒粒和黄色泡椒粒，大火煸炒出香味。

6 加入葱末、姜丝和鸡胗，大火爆炒至鸡胗颜色完全变白后，下入鸡肝和鸡心，大火炒至断生。

7 随后加入西芹段，大火炒至断生。

8 淋入调好的料汁，加盐，大火翻炒至汤汁浓稠，即可出锅，装盘食用。

嫩姜爆鸭舌

 40分钟　　🏛 简单

主料— 鸭舌250克…仔姜150克

辅料— 料酒2汤匙…生姜片5片…花椒粒5克
小米椒5个…香葱2根…大蒜5瓣
郫县豆瓣酱1汤匙…生抽1汤匙
老抽2茶匙…蚝油2茶匙…绵白糖1汤匙
干辣椒段10克…油25毫升
香醋2茶匙

 烹饪秘籍

出锅前淋入香醋，可以让
菜的味道闻起来更浓郁。

做法

1 鸭舌洗净，去掉表
面杂质，反复冲洗干
净；香葱洗净，斜切成
段；大蒜去皮，拍碎；
小米椒洗净，切成粒。

2 将仔姜清洗干净，
去掉表皮，斜切成薄
片，备用。

3 锅中加入1汤匙料
酒、生姜片和清水烧
开，放入鸭舌汆烫，
撇去浮沫。

4 捞出鸭舌，放入凉水
中降温，清洗干净后捞
出，沥干水分，备用。

5 锅中油烧至七成热
时，加入花椒粒、小米
椒粒、干辣椒段、蒜
末和葱段，大火爆香。

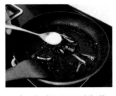

6 加入郫县豆瓣酱，
小火煸炒出红油后，
再加入生抽、老抽、
蚝油、绵白糖及剩余
料酒，大火煸出香味。

7 将汆烫好的鸭舌和仔
姜片一起放入锅中，翻
炒片刻，加适量清水。

8 汤汁烧开后转中小
火慢炖25分钟，打开
锅盖，沿锅边淋入少
许香醋，即可出锅装
盘食用。

剁椒鱼头

 15 分钟　　 简单

主料— 胖头鱼鱼头 1 个…剁椒 30 克

辅料— 葱末、姜末各 20 克…葱段、姜片各适量
　　　　蒜末 15 克…盐 1/2 茶匙…料酒 2 汤匙
　　　　白胡椒粉 2 克…油 2 汤匙

烹饪秘籍

1 事先用部分调料在鱼头内外抹匀，不仅能去除一些异味，还能给鱼头赋予基本底味；此外，如果能够将剁椒提前剁细的话，味道会更好。
2 做剁椒鱼头一定要用胖头鱼的鱼头，大、肉厚肥美。

做法

1 将胖头鱼鱼头去鳃后冲淋干净。

2 将盐、白胡椒粉、10克姜末在鱼头内外抹匀。

3 在鱼头上均匀地淋上料酒，用于去腥。

4 蒸锅中加水烧开，取适量葱段和姜片，垫放在盘子底部。

5 将鱼头架在上面，进一步为鱼头去腥，并且可以将鱼头架空，更利于蒸汽的循环。

6 大火将鱼头先蒸制3分钟左右，由于之前抹了盐，鱼头中会蒸出一些水分，须将其滗出。

7 将鱼头上均匀地抹上剁椒，再撒上葱末、蒜末和剩余的姜末，大火蒸制7分钟后出锅。

8 锅中将油烧至八成热，即能看到明显油烟的时候，将热油浇在鱼头上即可。

藤椒鱼

 60 分钟　🗑 中等

主料 — 草鱼 1 条

辅料 — 鸡蛋 1 个…藤椒 25 克…干辣椒 20 根…红米椒 10 根…青米椒 10 根
黄豆芽 150 克…莴笋 100 克…香芹 100 克…生姜 3 克…大葱 50 克
大蒜 8 瓣…生抽 3 汤匙…料酒 3 汤匙…胡椒粉 1/2 茶匙
橄榄油 60 毫升…盐适量

做法

1 草鱼洗净，去头、去尾、去皮，沿着鱼骨剔出2排鱼肉，再斜刀片成厚约5毫米的鱼片。

2 鱼片中磕入鸡蛋，加生抽、料酒、胡椒粉、适量盐拌匀，腌制30分钟。

3 干辣椒切小段；青、红米椒洗净，去蒂、切圈；莴笋去皮，洗净、切条；香芹洗净、切段；黄豆芽洗净，沥干水分。

4 姜去皮、切片；大葱去皮、切段；蒜去皮；香葱洗净、切碎。

5 锅中倒入20毫升橄榄油，烧至五成热时，放入姜片、大葱段、蒜瓣、干辣椒段煸香。

6 再下入莴笋条、香芹段、黄豆芽，中火翻炒3分钟，倒入开水，转中火熬煮2分钟。

7 滑入腌好的鱼片，翻拌几下，加适量盐调味，随后一同盛入大碗中。

8 将藤椒和青红米椒圈一同撒入碗中，剩余的橄榄油烧热，浇在藤椒和青红米椒圈上即可。

 烹饪秘籍

1 可以留部分干辣椒段，最后放在鱼汤上，浇热橄榄油时能激发辣椒中的香气，味道更醇香。

2 鱼片腌制时表面挂一层鸡蛋液，再入锅烹煮，口感更嫩滑。

辣炒花蛤

⏳ 20 分钟　🗑 中等

🔵 主料— 花蛤 500 克

🔵 辅料— 小葱 3 根⋯姜 3 片⋯蒜 5 瓣⋯干辣椒 6 个
郫县豆瓣酱 1 茶匙⋯盐 1/2 茶匙
料酒 1 茶匙⋯生抽 1 汤匙⋯油 2 汤匙
香油几滴

烹饪秘籍

1 花蛤焯水和炒的时间一定不能太长，否则肉会
变老，口感变差。
2 吃花蛤的时候要把不张口的扔掉，不张口的
一般是死的花蛤。

做法

1 花蛤放入清水中，加
盐和香油，吐沙三四个
小时，冲洗干净备用。

2 将吐完沙的花蛤冲
洗几遍，洗净泥沙。

3 干辣椒切段、葱切
葱花、姜切丝、蒜切
片，葱花留一些待用。

4 花蛤放入开水中，
煮至张口，关火捞出。

5 炒锅中放油，烧至
五成热，放入郫县豆
瓣酱炒出红油。

6 再放葱姜蒜和干辣
椒煸炒出香味。

7 放入花蛤，加料酒
和生抽，大火翻炒。

8 加葱花，炒匀，关
火出锅。

香辣鱿鱼丝

 15 分钟　　🏛 简单

主料 — 鱿鱼 300 克…香芹 100 克（很细的那种芹菜，香味更浓）…胡萝卜 80 克

辅料 — 蒜末 10 克…生抽 1 汤匙…鸡精 1/2 茶匙辣椒酱 1 汤匙…油 3 汤匙

烹饪秘籍

去掉鱿鱼内部的筋膜是为了去腥味，也使得颜色好看，如果觉得麻烦，也可省去。

做法

1 将鱿鱼的头部切下，纵剖开，去掉内部筋膜，各部分洗净备用。烧开一锅水备用。

2 将鱿鱼切成丝，胡萝卜、香芹分别洗净切丝。也可以借助擦丝器。

3 将鱿鱼丝放入沸水中余烫10秒钟，捞出沥干水分。余烫时间不宜过长，否则会影响口感。

4 锅中放油烧至七成热，爆香蒜末。注意火力不要太大，以免一下子将蒜末炒煳。

5 将芹菜丝、胡萝卜丝放入，炒出香味。大约1分钟，蔬菜就差不多熟了。

6 保持大火，放入鱿鱼丝，大火爆炒。由于刚才已经余烫过，所以爆炒的时间要短。

7 加入辣椒酱翻炒均匀，炒出辣椒酱的香气。

8 最后放入鸡精、生抽调味，炒匀出锅即可。

辣酱爆蛏子

 10 分钟　简单

主料— 蛏子 500 克
　　　青尖椒、红尖椒各 1 个

辅料— 蒜、姜、葱各 5 克…干辣椒 3~5 根
　　　花椒粒、香葱末各少许…剁辣椒酱 2 茶匙
　　　料酒 2 茶匙…生抽 1 茶匙…鸡精、胡椒粉各少许
　　　白糖适量…油 30 毫升

做法

1 将蛏子洗净，若有泥沙，需放入清水中，加少许盐，泡数个小时，等其将泥沙吐净。

2 青红尖椒洗净，斜切成段，葱姜蒜洗净，切成末，干辣椒剪成段备用。

3 锅中放清水，加少许姜片，冷水中放入蛏子汆烫，水开后捞出沥水。

4 锅中放油烧热，下葱姜蒜末、干辣椒和花椒粒爆香。

5 将青红辣椒放入锅中翻炒均匀，这时候香辣的气息会瞬间迸发出来。

6 将焯好的蛏子倒入锅中，继续大火快速翻炒。

7 加入辣椒酱、料酒、鸡精、白糖、胡椒粉、生抽炒匀，蛏子烹饪过程中会出一些水，大火收汁。

8 最后出锅前撒少许香葱末，关火盛出即可。

烹饪秘籍

吐好沙的蛏子还要用淡盐水反复搓洗几遍，因为壳上还有脏东西，也要洗净；辣酱的选择可根据自己的喜好，剁辣椒酱、蒜蓉辣酱、韩式辣酱皆可。

麻辣小龙虾球

 40分钟　 简单

主料 — 小龙虾 1000 克
　　　麻辣花生 200 克

辅料 — 生姜 1 块…大蒜 1 头…麻辣香锅底料 1 袋
　　　啤酒 1 瓶…油 2 汤匙…生抽 1 汤匙
　　　绵白糖 1 汤匙

做法

1　将小龙虾掐掉头部，抽出虾肠，用刷子刷干净，再用清水反复冲洗。

2　生姜洗净，切成姜片；大蒜去皮后用刀拍扁，备用。

3　起锅烧热油，油温烧至七成热时，下入蒜末和姜片中火煸香。

4　下入麻辣香锅底料，小火煸炒出红油。

5　接着下入处理好的小龙虾球，加入生抽和绵白糖，大火爆炒，炒至虾尾颜色微微变红。

6　在锅中倒入啤酒，没过虾球，如果没有没过，可以再加入适量清水。

7　盖上锅盖，中小火焖煮15分钟让虾球入味。

8　打开锅盖，转大火将汤汁收干，加入黄飞鸿花生翻炒均匀，即可装盘食用。

 烹饪秘籍　啤酒可以去腥，提升香气，同时可以增加虾球香嫩的口感。

咖喱虾

 20 分钟　　🏛 中等

主料 — 鲜虾 250 克…洋葱 50 克

辅料 — 咖喱酱 2 汤匙…油适量

➡️ 咖喱酱做法见 P174

烹饪秘籍

咖喱酱很适合拌饭吃，若想搭配米饭食用，可以适量增加水的用量，不必完全收干汤汁。

做法

1 鲜虾洗净，去除虾线。

2 洋葱洗净、去皮，切丝。

3 炒锅烧热倒入油，倒入洋葱炒香。

4 将处理好的鲜虾倒入锅中，大火翻炒。

5 待虾的表面变色，加入咖喱酱。

6 加水没过食材，小火煮3~5分钟。

7 煮至汤汁收干即可。

泰式甜辣虾

 20 分钟　中等

主料— 鲜虾 500 克

辅料— 泰式甜辣酱 2 汤匙…料酒 1 汤匙
蚝油 1 汤匙…生姜 20 克…大蒜 5 瓣
油适量

➡ 泰式甜辣酱做法见 P175

烹饪秘籍

尽量选择个头大的鲜虾，
吃起来比较有口感。汤
汁不用完全收干，可以
留些汤汁拌饭吃。

做法

1 鲜虾洗净，开背，去除虾线。

2 生姜洗净、切末；大蒜去皮、切末。

3 炒锅烧热倒油，放入姜末、蒜末翻炒。

4 加入鲜虾翻炒至变色。

5 倒入料酒、泰式甜辣酱、蚝油，拌匀炒熟即可。

鲜椒八爪鱼

 25分钟　　简单

主料— 八爪鱼 400 克

辅料— 葱段 10 克…生姜片 15 克…料酒 1 汤匙
小米椒 5 个…大蒜 6 瓣…生抽 4 茶匙
蚝油 2 茶匙…白糖 2 茶匙…干辣椒面 10 克
藤椒 15 克…油 2 汤匙

烹饪秘籍

余烫八爪鱼时看到八爪鱼
的爪子微微翘起时就要捞
出，时间过长会影响八爪
鱼原本嫩滑弹牙的口感。

做法

1 将八爪鱼剔除内脏
和牙齿，尤其是内壁
的黑膜一定要完全洗
净，沥干水分，备用。

2 锅中加入适量清水，
加入葱段和生姜片，
倒入料酒，煮沸。

3 倒入八爪鱼，余烫，
看到八爪鱼的爪子打
卷后（约需40秒），捞
出，放入1000毫升冰
水中浸泡。

4 小米椒去蒂，清洗
干净，切成小粒；大
蒜拍碎，去掉表皮，
剁成蒜末，备用。

5 将八爪鱼从冰水中
捞出，沥干水分，放
入碗中，碗中加入小
米椒粒和蒜末。

6 接着加入白糖、生
抽和蚝油，搅拌均匀，
腌制15分钟。

7 将干辣椒面和藤椒
加入碗中。

8 锅中烧热油，看到
油冒烟时，关火。将
热油均匀泼入碗中，
拌匀，即可食用。

尖辣椒炒鸡蛋

 10分钟　 简单

主料 — 青尖椒1个…鸡蛋2个

辅料 — 盐2克…酱油1茶匙…油4汤匙
　　　 小苏打少许

可在此菜中加入少许红色的彩椒一同煸炒，色泽会更好看。如果偏爱辣口，加入适量豉油辣椒做底味，味道也是不错的。

做法

1 将青尖椒去蒂、对半纵剖开，去子，洗净。如果担心辣手，可戴上一次性塑料薄膜手套来拿青尖椒。

2 将青尖椒斜刀切成长丝备用。

3 加入二分之一勺小苏打，将鸡蛋打散成蛋液，这样可以让炒好的鸡蛋更加蓬松。

4 加入2克盐充分搅打均匀。静置一会儿，会发现鸡蛋液的颜色微微变深了。

5 锅中放2汤匙油，烧至八成热，将蛋液倒入，拨散，炒至凝固后盛出备用。

6 锅中重新放2汤匙油，将青尖椒放入大火爆炒，至香辣气息出现。

7 烹入酱油，调味炒匀。

8 加入鸡蛋，翻炒均匀即可。

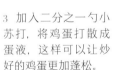

擂椒皮蛋

 25 分钟　　简单

主料 — 青椒 2 个…线椒 4 个…皮蛋 3 个

辅料 — 大蒜 5 瓣…绵白糖 2 茶匙…生抽 25 克
香醋 2 茶匙…香油 1 汤匙…油少许

烹饪秘籍

蒜瓣先用刀拍扁，再用擂锤更容易捣碎。

做法

1 将青椒和线椒去蒂，清水冲洗干净，备用。

2 平底锅烧热，均匀刷上一层食用油，将青椒和线椒放入锅中，小火煎制。

3 当看到青椒和线椒的底部呈黄色时，翻面，继续煎到两面都发黄时，将青椒和线椒取出，放入臼中。

4 将皮蛋去皮，用清水冲洗干净，放入臼中。

5 大蒜拍碎，去掉表皮，放入臼中。

6 在臼中加入生抽、香醋和白糖，用擂锤将臼中所有材料捣碎。

7 将臼中材料倒入碗中，淋入香油，搅拌均匀，即可食用。

杭椒炒香干

 10 分钟 　 简单

主料— 香干 200 克…杭椒 100 克

辅料— 大蒜 4 瓣…酱油 1 汤匙…鸡精 1/2 茶匙
　　　油 3 汤匙

烹饪秘籍

如果怕辣，可以减少杭椒的用量，加入一些青椒或者彩椒。将青椒或彩椒切成与香干差不多粗的条就可以，这样不但不会过辣，而且味道更鲜。

做法

1　将香干切成约5毫米的粗条，比杭椒细一些就可以。

2　杭椒洗净，去蒂去子，切成长段或粗丝。也可以不切，但是会影响一些味道。

3　大蒜放在案板上，用刀压松，即可轻松去掉外皮。

4　将去皮的大蒜瓣剁成碎末，或者用压蒜器压成蒜蓉。

5　锅中放油烧至五成热，即手掌放在上方能感觉到明显热力的时候，将蒜末放入爆香。

6　先放入香干和1茶匙酱油大火煸香，直至香干条有些微焦。

7　然后放入杭椒炒熟。不到1分钟的时间就可以。

8　最后放入剩下的酱油和鸡精，炒至入味即可。

麻婆豆腐

 25 分钟　　簡 简单

主料—— 北豆腐 300 克

辅料—— 牛肉末 150 克…料酒 1 汤匙
胡椒粉 2 茶匙…淀粉 1 茶匙…姜末 10 克
葱末 15 克…蒜末 10 克…花椒粒 5 克
郫县豆瓣酱 2 汤匙…生抽 1 汤匙
白糖 1 茶匙…水淀粉 1 汤匙…蒜苗 1 根
油 1 汤匙

烹饪秘籍

将豆腐提前氽烫可以有效
去除掉豆腥气，但切记一
定不要用滚开的水，否则
很容易破坏豆腐的形状。

做法

1　牛肉末中加料酒、胡椒粉和淀粉，拌匀，腌制 10 分钟；蒜苗洗净，去掉根部，切成长约 1 厘米的小段，备用。

2　将北豆腐清洗干净，切成 2 厘米见方的块；郫县豆瓣酱剁碎，备用。

3　锅中加入适量清水，烧至八成热时，下入豆腐块氽烫 1 分钟，捞出沥干水分，备用。

4　起锅烧热油，油温升至七成热时，加入腌好的牛肉末，煸炒至肉色完全变白。

5　接着下入葱姜蒜末和花椒粒，大火煸炒出香味。

6　下入郫县豆瓣酱，转小火煸炒出红油后，下入豆腐，加入适量开水，炖煮大约 5 分钟。

7　加入生抽和白糖上色和调味，小心翻拌均匀。

8　加入水淀粉，大火烧至汤汁浓稠，撒上蒜苗，即可出锅装盘食用。

干煸四季豆

⧗ 30 分钟　⌂ 简单

主料 — 四季豆 400 克

辅料 — 猪肉末 150 克…料酒 1 汤匙
胡椒粉 1 茶匙…姜末 10 克…蒜末 10 克
花椒粒 10 克…干辣椒段 20 克
食用油适量…蚝油 1 茶匙…生抽 1 茶匙
白糖 1 茶匙…老干妈香辣酱 1 汤匙

烹饪秘籍

四季豆一定要炸熟、炸透，
否则会引起食物中毒。

做法

1 将四季豆去两边老筋，清洗干净后掰成长约 4 厘米的段，备用。

2 猪肉末中加入胡椒粉和料酒，搅拌均匀，腌制 10 分钟。

3 锅中加入适量食用油，油温烧至七成热时，下入豆角段，中火炸制。

4 当豆角表面开始起皱干缩时，捞出沥干油分，备用。

5 另起一锅，锅中加入少许底油，油温烧至八成热时，加入猪肉末，大火煸炒至肉末完全变白。

6 下入姜蒜末、花椒粒和干辣椒段，大火煸炒出香味。

7 接着倒入炸好的四季豆、生抽、蚝油和白糖，翻炒均匀。

8 最后加入老干妈香辣酱调味，翻炒均匀后即可出锅装盘食用。

尖椒酿

⏳ 70分钟　　🍲 中等

主料— 大青尖椒5根…猪肉末300克

辅料— 鸡蛋1个…淀粉15克…白砂糖10克
香葱10克…生姜10克…大蒜5克
盐1/2茶匙…鸡精1/2茶匙…料酒2汤匙
香醋1茶匙…生抽2茶匙…胡椒粉1茶匙
香油1茶匙…油30毫升

······ 烹饪秘籍 ······

为了让肉馅容易熟，可将青椒纵向剖开，虽然省时，但肉馅也容易脱落。如果采用此方法，煎的时候，翻动时要十分小心才行。

做法

1 选比较直的大青尖椒，洗净后去蒂，鸡蛋打散，葱、姜、蒜洗净切末，备用。

2 在猪肉末中，加少许盐、鸡蛋液、生抽、淀粉、2茶匙食用油、姜末、胡椒粉拌匀。

3 将调好味的猪肉馅塞进青椒内，压实。

4 锅中放少许油烧至五成热，将塞好肉馅的尖椒放进锅中，小火慢煎。

5 另取一个小碗，加入生抽、香醋、白砂糖、料酒、盐、鸡精、胡椒粉配成调味汁。

6 锅中辣椒表面煎出虎皮纹后，盛出。

7 锅内留底油，加热后放入葱末、姜末、蒜末爆香，倒入煎好的尖椒和调好的酱汁，翻炒均匀。

8 盖上锅盖，保持小火，待汤汁基本收干，即可关火装盘。

红油金针菇

 15 分钟　　　简单

主料— 金针菇 500 克

辅料— 胡萝卜 100 克…小米椒 4 个…大蒜 1 头
辣椒红油 2 汤匙…花椒油 1 汤匙
白糖 1 汤匙…盐 2 茶匙

 烹饪秘籍

将拌好的红油金针菇放入
冰箱中冷藏半小时，再拿
出食用，味道更佳。

做法

1 将金针菇切掉根部，
洗净后撕成细条，备用。

2 胡萝卜去皮，洗净，
切成长 5 厘米的细丝；
小米椒洗净，切成粒；
大蒜去皮后切成末，
备用。

3 锅中加入适量清水，
大火烧开，下入胡萝
卜丝和金针菇，余烫
成熟。

4 将成熟的金针菇和
胡萝卜丝捞出沥干水
分，放入碗中。

5 碗中加入小米椒粒
和蒜末。

6 接着加入花椒油和
白糖，再加入辣椒红
油和盐。

7 戴上一次性手套，
抓拌均匀即可。

香辣土豆条

 20分钟　　中等

主料 — 土豆2个（约300克）

辅料 — 食用油适量…花椒粉1汤匙
孜然粉1汤匙…辣椒粉1汤匙
盐2茶匙…鸡精2茶匙…生抽1汤匙
香葱末适量…熟白芝麻适量

烹饪秘籍

土豆条下锅炸制之前，一定要用清水多冲洗两遍，洗去表面多余的淀粉，这样油炸的时候不易粘锅。

做法

1　将土豆去掉表皮，洗净后用刀切成厚1厘米、长4厘米的土豆条。

2　将切好的土豆条放入清水中浸泡，以防止氧化变黑。

3　将浸泡在水中的土豆条再用清水冲洗两遍，捞出，沥干水分。

4　起锅，锅中加入能没过土豆的食用油，将油温烧至六成热。

5　将土豆条下入油锅中，中火炸制。

6　将炸好的土豆条捞出，沥干油分，放入碗中，备用。

7　将花椒粉、孜然粉、辣椒粉、盐、鸡精、生抽倒入碗中，搅匀。

8　下入香葱末和熟白芝麻，搅拌均匀，即可食用。

CHAPTER

2

酸爽过瘾

拯救没食欲

糖醋排骨

 50 分钟　　🏛 简单

主料 — 猪肋排 400 克

辅料 — 食用油 2 汤匙 … 蒜片 3 克 … 生姜 3 片
白芝麻少许 … 糖醋排骨调料包 1 小袋

烹饪秘籍

1 可以在购买猪肋排时请店家帮忙斩成小段。
2 糖醋排骨调料包的具体用量请根据产品说明来配比，如果买不到，也可以用 3 茶匙白糖+2 茶匙盐+3 汤匙番茄酱来代替，可以根据个人口味调整白糖和番茄酱的用量。

做法

1 猪肋排洗净，斩成 4 厘米长的段备用。

2 锅中加冷水，放入猪肋排，待水沸腾时捞出肋排，沥干备用。

3 锅烧热，倒入食用油，加蒜片、姜片、猪肋排，用小火炒至两面变为黄色。

4 加水淹过猪肋排，再放入糖醋排骨调料包，用大火烧开。再转至小火焖煮。

5 汤汁收至起小泡时，盛出装盘。

6 撒上白芝麻点缀即可。

糖醋里脊

⏳ 30 分钟　　🏛 复杂

🅢 主料— 猪里脊肉 300 克

🅐 辅料— 鸡蛋 1 个　盐 1/2 茶匙　白胡椒粉 1 克
淀粉 50 克　葱白 3 段　料酒 2 汤匙
酱油 2 汤匙　白砂糖 3 汤匙
陈醋 4 汤匙　熟白芝麻 1 茶匙
油 500 毫升

🥢 烹饪
秘籍

1 猪里脊肉要炸两遍，才能达
到外酥里嫩的口感。
2 可将猪里脊肉换成虾仁、排
骨、豆腐等食材。

做法

1　将猪里脊肉洗净，切成条状。
打入1个鸡蛋，加盐、白胡椒粉、
1汤匙料酒，抓匀，腌制10分钟。

2　葱白切丝待用。将腌好的里
脊肉裹上淀粉，摆放好备用。

3　锅中倒油，烧至六成热，转
小火，依次下入裹好淀粉的里
脊肉，小火炸至淡黄色捞出。

4　不要关火，将油烧至九成热，
把所有里脊条倒进去，开大火
复炸至呈金黄色，捞出沥油。

5　调糖醋汁：料酒1汤匙、酱油
2汤匙、白砂糖3汤匙、陈醋4汤
匙、水5汤匙，搅匀备用。

6　锅中留少许底油，倒入糖醋
汁煮至微开，下入炸好的里脊
快速炒匀。出锅，撒上熟白芝
麻，与葱白丝搭配食用。

肉末酸豆角

⏳ 20分钟　🏛 简单

主料— 酸豆角150克···猪里脊肉50克

辅料— 小葱1棵···生姜2片···油1汤匙
　　　盐1/3茶匙···生抽1/2汤匙
　　　淀粉1/2茶匙···红尖椒1个

烹饪秘籍

1 猪里脊肉腌一下，可使炒出的肉末更滑嫩。
2 酸豆角有咸味，炒菜时要酌情放盐，以免太咸。

做法

1 酸豆角用水浸泡2分钟，清洗干净备用。

2 猪里脊肉洗净、切末，加生抽和淀粉腌制10分钟。

3 葱姜切末，红尖椒切丁，酸豆角切成约0.5厘米长的小段。

4 锅中放油，烧至六七成热时，小火爆香葱姜。

5 加入腌制好的里脊肉，中火快速翻炒。

6 炒至肉色发白，放入酸豆角和红尖椒丁，加盐调味，翻炒半分钟即可出锅。

番茄牛尾

⏳ 90 分钟　　🏛 简单

主料 — 番茄 180 克　牛尾 600 克

辅料 — 葱段 20 克　生姜 6 片　料酒 1 汤匙
黑胡椒粉少许　番茄沙司 20 克
橄榄油 1 汤匙　盐 2 克

烹饪秘籍

1 将牛尾放入凉水中浸泡，可以去除牛尾中多余的血水。

2 牛尾在高压锅中已经炖熟，二次炖煮是为了让牛尾能更好地入味，更加软烂。

做法

1 提前将牛尾洗净，在凉水中浸泡半小时。

2 锅中加入清水，放入牛尾，大火烧开，撇去血沫，捞出牛尾。

3 高压锅放入牛尾、葱段、姜片、料酒，倒入没过食材的清水，上汽后炖煮30分钟左右，待牛尾煮熟关火。

4 番茄洗净，去皮后切碎。炒锅加热，倒入橄榄油，倒入番茄，翻炒至软后加入番茄沙司，炒成糊状，关火。

5 另起一锅，将高压锅内的牛尾捞出，放入炒锅中；除去汤中的油沫、姜、葱，将清汤倒入锅内，加入炒好的番茄酱。

6 大火煮开，转小火炖20分钟，待汤汁黏稠，撒上盐和黑胡椒粉，搅拌均匀，关火，盛出即可。

酸汤土豆肥牛

⏳ 20分钟　　🏛 简单

主料— 肥牛 250 克…土豆 200 克
金针菇 100 克

辅料— 油 1 汤匙…盐 1/2 茶匙…黄灯笼辣椒酱 100 克
杭椒 1 个…小米椒 2 个…蒜末 20 克…生姜 10 克
料酒 2 茶匙…陈醋 2 茶匙…白胡椒粉 2 克

做法

1 将金针菇根部切掉
后撕开，洗净，控干
水；土豆洗净后切成
0.3厘米厚、3厘米见方
的片。

2 生姜洗净，去皮后
切成片；杭椒和小米
椒洗净后控干水，切
成圈。

3 锅中备适量冷水，
放入肥牛，大火煮开，
撇去表面的浮沫，将
肥牛捞出，控干水。

4 炒锅中加入油，大
火烧至七成热后放入
姜片、蒜末，爆炒出
香味。

5 放入黄灯笼辣椒酱
煸炒出香味，加入适
量清水和盐、料酒、
陈醋、白胡椒粉煮开。

6 放入金针菇和土豆
片，煮至金针菇和土
豆片熟透。

7 放入焯好的肥牛片，
煮约半分钟。

8 最后加入杭椒和小
米椒，即可关火。

🥄 烹饪秘籍　肥牛片煮的时间不要过久，否则会变
老，影响口感。

酸菜羊肉煲

 50 分钟　　 简单

主料 — 羊肉 500 克…市售酸菜 200 克

辅料 — 食用油 2 汤匙…盐 3 克…小红椒适量
　　　　葱段 5 克…青蒜叶 5 克

 烹饪秘籍

羊肉在切片后焯水可以除去血水，这样能提升
羊肉煲的整体口感。

做法

1　将羊肉洗净后切成薄片，酸
菜洗净、切成小段，小红椒洗
净，切段备用。

2　锅中放入冷水，倒入羊肉片
焯烫2分钟后捞出。

3　锅中倒入食用油，放入葱
段、小红椒，用中火煸出香味。

4　接着倒入酸菜，大火翻炒。

5　锅中加入800毫升的水，大
火烧开。

6　倒入焯过的羊肉片煮10分钟
后，加盐和青蒜叶调味即可。

番茄黑椒煎鸡胸

⏳ 20 分钟　🍳 中等

主料 — 鸡胸肉 100 克⋯中等大小番茄1个
　　　　（约 150 克）⋯洋葱半个（约 100 克）

辅料 — 黑胡椒粉 1 茶匙⋯盐 1/2 茶匙
　　　　橄榄油 1 汤匙

🍳 **烹饪秘籍**

在番茄表皮上划几道刀口，放入滚水中烫1分
钟至番茄皮裂开，这样更容易去皮。

做法

1　番茄洗净，去皮，切成小丁；
洋葱去皮，切丁。

2　鸡胸肉去皮，加入盐和黑胡
椒粉，腌制10分钟。

3　锅中倒橄榄油烧热，将鸡胸
肉放入，煎至两面金黄。

4　撒盐和黑胡椒粉调味后，盛
出装盘。

5　锅中再倒入少许橄榄油烧
热，放入洋葱丁爆香。

6　放入番茄丁，炒至番茄丁略
出汁后，加少许盐调味，盛出，
淋在鸡胸肉上即可。

番茄酱烤鸡翅根

⏳ 3 小时　　🏛 简单

主料 — 鸡翅根 10 个（约 400 克）

辅料 — 番茄酱 100 克⋯料酒 1 汤匙⋯大蒜 2 瓣
黑胡椒粉 1 克⋯盐 2 克⋯白糖 1 茶匙
橄榄油 2 茶匙

🖌 烹饪秘籍

腌制鸡翅根时，可以用叉子或牙签在翅根上扎上
一些小孔，这样更利于腌料渗入，更容易入味。

做法

1 鸡翅根洗去血水，用厨房纸
擦干表面水分。

2 大蒜剥皮后洗净，切末待
用。锅内加入橄榄油，烧至五
成热时下入蒜末爆香。

3 依次下入番茄酱、料酒、黑
胡椒粉、白糖和2汤匙清水，炒
匀，关小火煮5分钟至浓稠，加
入盐拌匀，盛出，冷却，待用。

4 将炒好的番茄腌料放入鸡翅
根中，用手抓匀后腌制2小时。

5 将腌好的鸡翅根均匀码放在
铺了油纸的烤盘上。

6 放入预热好的烤箱中层，
上、下火170℃烤20分钟。取出
烤盘，将剩余的番茄腌料刷在
鸡翅根上，放回烤箱，再烤5分
钟至其表面金黄即可。

菠萝苦瓜炖鸡锅

 20 分钟　　中等

主料— 市售已切好的鸡块 500 克　苦瓜 1 根

辅料— 切好的菠萝块 200 克　生姜 2 克
　　　盐 1/2 茶匙　米酒 1 汤匙

烹饪秘籍

1 菠萝作为食材入菜时，要挑选成熟的，这样炒后味道会比较浓，更加酸甜可口。挑选菠萝时，可以用手轻碰果实，如果摸起来比较软则已经比较成熟，可以马上食用。相反，手感比较硬的则还可以存放几天。

2 菠萝用淡盐水泡过后，会变得更甜。

做法

1 苦瓜去子、去瓤，切成薄块，洗净后放入热水锅，焯1分钟去除苦味。

2 鸡肉洗净，放入冷水锅中，水烧开后煮1分钟，捞出备用。

3 将鸡肉、苦瓜、菠萝，生姜全部放入电饭锅，加水没过食材，按下"煮饭"键至跳起。

4 出锅前加入米酒和盐即可。

醋熘鸭胗

⏳ 20分钟　🏛 中等

主料 — 鸭胗 250 克…菜花 100 克

辅料 — 食用油1汤匙…葱段 5 克…姜片 5 克
蒜末 5 克…盐1茶匙…生抽1汤匙
香醋1汤匙

烹饪秘籍

挑选鸭胗时，注意观察其表面的颜色和肉质，
颜色为红色或紫红色、肉质紧实的是比较新鲜
的，反之，颜色暗淡肉质软塌的则不新鲜。在
焯烫鸭胗时，可以根据个人喜欢的口感来决定
焯烫的时间长短。

做法

1 鸭胗切成薄片，加一半盐，
反复搓洗后用水冲洗干净。

2 菜花去掉根部，切成小朵，
洗净备用。

3 锅中放入冷水，烧开后入菜
花和鸭胗焯烫3分钟，捞出沥干。

4 锅中倒入食用油，油热后放
入葱段、姜片、蒜末，用中火
炒出香味。

5 倒入菜花和鸭胗，用大火炒
至鸭胗变色时，加入剩余盐和
生抽炒匀。

6 最后淋入香醋调味即可。

酸梅酱烤鸭肉

⏳ 45 分钟　🏛 中等

🔵 主料 — 鸭腿 3 只

🔵 辅料 — 冰花酸梅酱 3 汤匙　番茄酱 1 汤匙
蜂蜜 2 汤匙　油 1 汤匙　蚝油 2 茶匙
盐 1 茶匙　姜 10 片

🍴 烹饪秘籍

1 家用烤箱温度一般不太均匀，烤箱深处温度较高，因此码放鸭腿的时候让腿骨朝外，肉厚的地方往里放，这样可以适当修正温度不均的问题。每个烤箱的温度情况不同，在最后烤制的时候最好守在旁边看着，避免烤焦。

2 按摩鸭肉的过程不要省去，这是为了让调味料更好地渗透鸭肉的肌理，提高腌制的效率，同时也能让肉的质地更加软嫩可口。

做法

1 鸭腿洗净，冷水浸泡1小时以上。捞出后擦干表面。在鸭腿表面扎小孔，肉厚的地方多扎几下。

2 将所有调料（除油外）放入盆中混合均匀成腌料。放入鸭腿按摩1分钟。盖上保鲜膜，放入冰箱冷藏4小时以上。

3 烤箱220℃提前预热，腌好的鸭腿去掉姜片，腿骨处用锡纸包上，避免烤黑且方便拿取。

4 烤盘上铺锡纸，薄薄抹一层油，将鸭腿皮朝下码放在烤盘里。

5 烤盘放入预热好的烤箱中层，220℃先烤15分钟。

6 15分钟后将烤盘取出，给鸭腿翻面，将烤出的油倒进小碗里，小心不要烫伤。

7 剩下的腌料刷在鸭腿表面，再放进烤箱，烤箱降至200℃烤10分钟。

8 取出鸭腿，再刷一遍腌料，保持200℃再烤5分钟左右即可出锅。

开胃番茄鱼片

 45 分钟　　中等

主料 — 草鱼 1 条…番茄 2 个

辅料 — 油 1 汤匙…盐 1 茶匙…料酒 1 汤匙
　　　淀粉 5 克…番茄酱 20 克…香葱 1 棵
　　　蒜末 10 克

烹饪秘籍

鱼片尽量切得薄一些，会更加入味且口感更好。切鱼片的时候，可以在鱼身下垫一张厨房纸防止打滑。

做法

1 草鱼去鳞、去鳃，除去内脏及肚子里的黑膜，清洗干净并剁去鱼头。

2 将鱼身沿着鱼骨横切，剔除鱼骨后斜切，将鱼肉片成厚约0.5厘米的薄片。

3 将鱼肉放入大碗中，加入料酒、淀粉和一半盐，抓匀后腌制15分钟。

4 番茄洗净后去皮，切成小块；香葱洗净后将葱白切成段，将葱叶切成葱花。

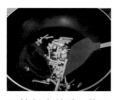

5 炒锅中放油，烧至七成热后放入葱白段和蒜末，煸炒至出香味。

6 放入番茄酱、番茄块和适量清水，炒至番茄软烂成泥。

7 加入500毫升左右的清水，大火煮开后放入腌好的鱼片，煮至鱼片变白。

8 加入剩余的盐调味并搅拌均匀，最后撒上葱花即可关火。

酸菜鱼

 30 分钟　　复杂

主料 —— 青鱼 1 条　酸菜 180 克

辅料 —— 小红椒 3 根　姜片、蒜片各 15 克
　　　　鸡蛋 1 个　白胡椒粉 1/2 茶匙
　　　　盐 1 茶匙　高汤底料 1 包　料酒 3 汤匙
　　　　淀粉适量　油 5 汤匙

烹饪秘籍

1　如果家里没有高汤底料，用清水也可以。
2　注意切鱼片的时候刀的角度要尽量大一些，这样的鱼片才够大。青鱼比草鱼好切，对于新手来说相对简单点，也可以根据自己的喜好选择草鱼等别的鱼。

做法

1　将鱼洗净，从鱼尾一刀至脊骨，平刀片下整片鱼肉。再将带有鱼骨的一侧剔除主要的脊骨。

2　脊骨切段后，将鱼肉中残留的刺仔细剔除。酸菜切段备用。鸡蛋取蛋清；小红椒洗净切段。

3　将鱼肉斜刀切薄片，片要尽量薄而大。将鱼头、鱼骨、鱼片用盐、料酒、淀粉、蛋清抓匀上浆。

4　锅中放油烧至七成热，放入姜片、蒜片、小红椒段、酸菜爆香。

5　放入能大致没过食材的清水煮开，再加入高汤底料搅匀。

6　放入鱼头、鱼骨，来熬制鱼汤，将汤继续熬成浓厚的奶白色。

7　取出鱼头、鱼骨，以免上面的棱角划破鱼片影响品相。

8　保持汤滚沸，放入鱼片汆熟，看到鱼片完全变色，放入白胡椒粉即可离火。

糖醋脆皮鲈鱼

 40分钟　　中等

主料 — 鲈鱼1条 ·· 面粉200克

辅料 — 鸡蛋1个 ·· 淀粉1汤匙 ·· 生姜3克
大葱20克 ·· 大蒜5瓣 ·· 香葱1根
胡椒粉1/2茶匙 ·· 生抽2汤匙
老抽1汤匙 ·· 料酒3汤匙 ·· 番茄酱4茶匙
白糖3汤匙 ·· 米醋3汤匙
橄榄油80毫升 ·· 盐适量

 烹饪秘籍

1 鲈鱼一定要炸两次，第一次油温无须太高，炸出鱼中的水分，第二次要用高油温炸出酥脆口感，外香里嫩。

2 面糊要和得浓稠一些，更容易挂浆。

做法

1 生姜去皮、切片；大葱去皮，斜刀切片；大蒜去皮、切末；香葱去根，洗净、切碎。

2 鲈鱼去鳞鳃、去内脏，清洗干净，鱼身两侧用瓦片花刀片成厚约8毫米的片。

3 在鱼身上涂抹胡椒粉和盐，淋入料酒，每块鱼片之间放入1片姜和1片大葱腌制20分钟。

4 鸡蛋磕入面粉中，加适量清水和成面糊，在腌好的鲈鱼上面均匀地挂好面糊。

5 橄榄油倒入锅中，烧至六成热时，下入裹满面糊的鱼炸至两面金黄，捞出沥油。

6 再次将鲈鱼放入油锅炸一次，盛出后沥干油分。

7 另起一锅，倒入生抽、老抽、番茄酱、白糖、米醋、蒜末、淀粉，再加适量清水搅匀，加热熬煮至汤汁浓稠。

8 将汤汁均匀地淋在鱼身上，撒上香葱碎调味即可。

香梨咕咾鱼

⏳ 45 分钟　🏛 简单

主料 — 龙利鱼 400 克　香梨 3 个

辅料 — 鸡蛋 1 个　番茄酱 30 克　料酒 2 汤匙
白醋 2 汤匙　白糖 1/2 茶匙　胡椒粉
1/2 茶匙　淀粉 2 茶匙　熟白芝麻 1 克
玉米油 200 毫升　盐适量

🍳 烹饪秘籍

龙利鱼腌制前要用厨房纸吸干
水分，避免水分溶解掉盐分和
调味品，导致不易入味。

做法

1 龙利鱼解冻洗净，切成3厘
米见方的块，磕入鸡蛋，加胡
椒粉、料酒、适量盐抓匀，腌
制20分钟。

2 香梨洗净，切成2厘米见方
的块，浸泡在淡盐水中，使用
前沥干水分。

3 将1茶匙淀粉倒入鱼块中，
使其均匀裹满淀粉。

4 锅中倒入玉米油，烧至五成
热时，倒入裹满淀粉的龙利鱼
块，中火炸至酥脆捞出。

5 用番茄酱、白醋、白糖、剩
余淀粉、少许盐，再加适量清
水调成番茄酱汁。

6 将酱汁倒入另一锅中，开中
火熬煮浓稠，随后倒入炸好的
龙利鱼块和香梨块，迅速翻拌均
匀，出锅前撒上熟白芝麻即可。

酸甜小炒鱼

⏳ 45 分钟　🏛 中等

主料— 草鱼肉 500 克

辅料— 红椒半个·青椒半个·淀粉 25 克
鸡蛋 1 个·生抽 2 汤匙·料酒 2 汤匙
米醋 2 汤匙·胡椒粉 1/2 茶匙·番茄酱
30 克·白糖 30 克·姜 3 克·大葱 20 克
蒜 6 瓣·橄榄油 80 毫升·盐适量

🍳 烹饪秘籍

炸过的鱼块中有油分，再
起锅炒制时无须再放油，
避免油量过多口感发腻，
同时还可以减少油的摄
入量。

做法

1　草鱼肉洗净，用厨房纸吸干
水分，切成小块，撒入胡椒粉
和适量盐拌匀，腌制 20 分钟。

2　红椒、青椒洗净，去子、去
蒂、切小块；姜去皮、切片；
大葱去皮、切段；蒜去皮；鸡
蛋打散成鸡蛋液。

3　橄榄油倒入锅中，烧至五成
热时，腌好的鱼块蘸满鸡蛋液
再裹满淀粉（20 克），放入锅中
炸至金黄，盛出沥干油分。

4　另起一锅，不放油，烧热后
放入姜片、大葱段、蒜瓣爆香。

5　加番茄酱、白糖、剩余淀粉、
少许盐，倒入生抽、料酒、米
醋和适量清水，熬成浓稠汤汁。

6　最后倒入炸好的鱼块和青红
椒块炒匀，入味后出锅即可。

醋烧鲤鱼

 50 分钟　 简单

主料—— 宰杀好的鲤鱼 1 条（约 500 克）

辅料—— 食用油 30 毫升　盐 3 克　姜丝 3 克
葱段 4 克　辣椒段 4 克　料酒 2 汤匙
白糖 1 茶匙　陈醋 3 汤匙
味极鲜酱油 3 汤匙　面粉 2 茶匙

烹饪秘籍

整条鲤鱼入锅煮出来比较美观，如果想缩短烹饪时间，也可以将鲤鱼切成几段再煮。

做法

1 请卖家将鲤鱼宰杀好，买回后里外洗净并擦干水分。

2 在鲤鱼的两面都划几刀，用盐腌制 10 分钟后裹上少许面粉。

3 取一小碗，将白糖、味极鲜酱油、陈醋、料酒和少许清水调成糖醋汁备用。

4 油锅烧热，倒入食用油，放入姜丝、葱段、辣椒段煸香后，鲤鱼入锅，快速过油。

5 把调好的糖醋汁倒入锅中，加水没过鲤鱼表面，煮沸。

6 煮至汤汁浓稠时即可装盘。

柠檬龙利鱼柳

⏳ 50 分钟　　🏛 简单

主料 — 龙利鱼柳 200 克

辅料 — 柠檬半个·香芹碎 20 克·橄榄油 1 汤匙
蒜蓉 10 克·盐 3 克·黑胡椒粉少许

🍴 烹饪秘籍

龙利鱼柳易碎，在煎的时候一定要小心翻面，
不要随意翻动。

做法

1 柠檬挤出汁，少许柠檬皮切成丝。

2 龙利鱼柳撒上黑胡椒粉、蒜蓉、盐、柠檬汁，抹匀，腌制30分钟后沥干水分。

3 平底锅加热，倒入橄榄油。

4 将腌制好的龙利鱼柳放入平底锅内，中火煎至变色，煎出香味。

5 小心将鱼柳翻面，煎至两面熟透。

6 撒上香芹碎和柠檬丝即可。

烤圣女果

⏳ 20 分钟　　🏛 简单

主料— 圣女果 150 克

辅料— 黑胡椒碎 5 克·迷迭香 2 克
橄榄油 2 茶匙·盐 1 克

做法

1 圣女果洗净，沥干水分，对半切开。
2 将切好的圣女果放入烤盘，淋入橄榄油，加入黑胡椒碎和盐，拌匀。
3 迷迭香洗净后掰成小片，撒在圣女果上。
4 将烤盘放入预热好的烤箱中层，上、下火 160℃烤10分钟，至圣女果变软即可。

烹饪秘籍

腌制龙利鱼时，如果能用手拌匀，煮出来的
酸汤鱼会更加筋道，不容易掉淀粉。

酸汤龙利鱼

⏳ 50 分钟　　🏛 简单

主料— 冷冻的龙利鱼柳 500 克

辅料— 红辣椒 2 根·香菜 20 克·蛋清 1 个
鸡蛋的量·酸汤鱼调料包 1 个
水淀粉 2 汤匙·盐少许

做法

1 龙利鱼柳解冻后切成薄片。红辣椒和香菜洗净，切段备用。
2 依次将盐、蛋清、水淀粉加入龙利鱼柳中，搅拌均匀后腌制10分钟以上。
3 锅中加入600毫升的清水，烧开后加入酸汤鱼调料包。待水烧开后，加入腌制的龙利鱼片。
4 大约煮8分钟，至鱼片发白时加入红辣椒和香菜即可。

番茄鱼片

 20 分钟　　 中等

主料— 草鱼 1 条（约 500 克）
　　　 番茄 2 个（约 300 克）

辅料— 植物油 1 汤匙…生姜 5 片…盐 1 茶匙
　　　 番茄酱 1 汤匙…葱花少许

····· 烹饪秘籍 ·····

这道菜中的草鱼还可以替换成其他品种的鱼类，比如黑鱼、鲤鱼等。

做法

1　草鱼洗净，头尾弃用，片出鱼肉。

2　番茄洗净，切成丁。

3　锅内倒入植物油烧热，倒入番茄丁，小火炒至出汁。

4　锅内注入1000毫升清水，放入姜片。

5　水沸后，倒入番茄酱、盐，搅拌均匀。

6　放入鱼片，煮至汤汁略微浓稠。

7　撒上葱花即可。

柠檬汁烤三文鱼骨

⏳ 45 分钟　　🍽 中等

主料 — 柠檬半个　三文鱼骨 300 克

辅料 — 叶生菜 2 片　盐 2 克　橄榄油 1 汤匙
黑胡椒粉少许

🍴 烹饪秘籍

三文鱼骨在腌制的时候多少会渗出一些水分，
在烤的时候无须再加水。

做法

1　烤箱预热200℃。

2　三文鱼骨洗净，用刀切段，
用厨房纸吸干水分。

3　柠檬榨汁。准备一个空碗，
放入三文鱼骨、橄榄油、盐、
柠檬汁、黑胡椒粉搅拌均匀，
腌制15~20分钟。

4　将腌制好的三文鱼骨放入烤
盘中，用锡纸包起来，放入烤
箱，200℃烤15分钟。

5　叶生菜洗净，铺在盘底，将
烤好的三文鱼骨装盘即可。

香煎青柠三文鱼

 20分钟　　中等

主料 — 三文鱼400克…青柠檬1个
　　　黄柠檬1个

辅料 — 现磨黑胡椒粉2克…香草碎1克
　　　蜂蜜1茶匙…橄榄油少许…盐适量

烹饪秘籍

1 腌制三文鱼时要用柠檬汁去腥。

2 煎三文鱼时先将每面煎20秒，锁住营养，再依次煎各面，时间不要太长。

3 在煎三文鱼时加入柠檬汁，可以中和三文鱼释放出的油脂。

做法

1 青黄柠檬分别榨出柠檬汁，混合备用。

2 三文鱼洗净，用厨房纸吸干水分，切成长约10厘米、宽约4厘米的块。

3 向三文鱼块中淋入一半柠檬汁，再均匀撒入现磨黑胡椒粉、香草碎、适量盐，腌制15分钟。

4 电饼铛加热，刷一层橄榄油，倒入剩余柠檬汁。

5 依次将三文鱼块放入电饼铛中，煎至表层酥软。

6 将煎好的三文鱼块盛入盘中，均匀地淋入蜂蜜调味即可。

醋渍章鱼

 35 分钟　　 简单

主料 —— 速冻大章鱼爪 200 克　番茄 150 克

辅料 —— 洋葱 40 克　大蒜 2 瓣　罗勒叶少许
　　　　白葡萄酒少许　油醋汁 30 毫升

烹饪秘籍

1 速冻章鱼分熟冻和生冻两种，购买时要注意。熟冻的章鱼解冻后可以直接食用，生冻的需要加工熟后才能食用。

2 生鲜章鱼氽烫的时间不宜过长，否则影响口感，待章鱼肉打卷时就代表已经熟了，捞出即可。

做法

1 章鱼爪解冻后洗净，剥去外皮，放入沸水中氽烫3~5分钟，捞出，过凉水，沥干水分。

2 将章鱼爪切成薄片，放入碗中，倒入油醋汁和白葡萄酒，腌制5分钟备用。

3 番茄洗净，切块备用；罗勒叶洗净备用。

4 大蒜洗净，放入料理机内；洋葱洗净，切块，放入料理机内。

5 将大蒜与洋葱搅打成泥，盛出备用。

6 最后将处理好的章鱼爪、番茄装盘，淋上搅打好的洋葱大蒜泥，放上罗勒叶点缀即可。

西班牙冷汤配虾仁

 25 分钟　 简单

主料— 冷鲜虾仁 60 克···番茄 160 克　辅料— 红甜椒 30 克···洋葱 20 克···柠檬半个
黄瓜 40 克　　　　　　　　　　　奶酪粉 6 克

做法

1　虾仁解冻、洗净，放入沸水中氽烫熟，捞出备用。

2　黄瓜洗净，去皮，去除中间的心，切块，备用。

3　番茄洗净，用小刀在番茄顶部划十字刀，用开水淋烫一下，去皮后切碎。

4　红甜椒洗净，切块，备用；洋葱洗净，切碎，备用。

5　将以上除虾仁以外的食材，全部倒入料理机内。

6　柠檬洗净，对半切开，取半个柠檬，将汁挤到料理机内。

7　将奶酪粉倒入料理机内，与其他食材一起搅打均匀。

8　最后将搅打好的汤汁倒入碗中，放入煮好的虾仁即可。

烹饪秘籍

汤汁制作完成后，放入冰箱里冷藏一会儿，口感更佳。

酸甜番茄虾

⏳ 40分钟　🏛 简单

🍲 主料 — 番茄 2 个…鲜虾 250 克

🥄 辅料 — 番茄酱 50 克…香葱 1 根…植物油 60 毫升
生抽 3 汤匙…料酒 3 汤匙…淀粉 1 茶匙
胡椒粉 1 克…生姜 2 克…白糖 1 茶匙
盐适量

烹饪秘籍

鲜虾选择肥一些的，炒出来的虾油会更多。
若嫌吃时剥虾壳麻烦，可以在烹饪前将虾壳去
掉再腌制。

做法

1 鲜虾洗净，去壳，挑出沙线，加入生抽、料酒、胡椒粉、少许盐，腌制30分钟。

2 番茄洗净，顶部划十字刀，用开水浇烫一下，撕掉表皮，切碎丁。

3 香葱去根、洗净，葱白葱绿分开，分别切碎；姜切末；淀粉加少许清水调成水淀粉。

4 炒锅中倒入30毫升植物油，烧至七成热时放入腌制好的鲜虾，中火不停煸炒至变色且出虾油，盛出。

5 再向炒锅中倒入剩余植物油，烧至七成热时加入姜末和葱白碎爆香，放入番茄丁大火翻炒，出汤汁后加入番茄酱和白糖。

6 倒入炒过的虾，撒入适量盐，倒入水淀粉，大火不停翻炒，收汁，待汤汁浓稠，虾裹匀番茄汁后关火，撒入葱绿碎即可。

茄汁蟹味菇

⏳ 30 分钟　🏛 简单

主料 — 蟹味菇 500 克
大个番茄 1 个（约 250 克）

辅料 — 番茄酱 1 汤匙　橄榄油 1 汤匙
盐 1/2 茶匙　葱花少许

烹饪秘籍

1 蟹味菇独有的海鲜香味，和番茄搭配很适合，因此尽量不要替换成其他品种的菇类。

2 番茄酱中有盐分，因此菜式中的盐要少放一些。

3 汤汁非常下饭，因此可以多留一些，煮至汤汁浓稠即可。

4 在翻炒时也可以加一些火腿丁调味。

做法

1 蟹味菇洗净、番茄洗净，切小丁。

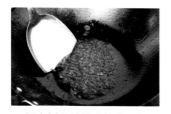

2 锅内倒入橄榄油烧热，加入番茄酱，小火翻炒。

3 倒入番茄丁，中火翻炒至出汁。

4 加入蟹味菇和盐翻炒，盖上锅盖，小火焖煮至汤汁浓稠。

5 起锅，撒上少许葱花即可。

番茄豆腐羹

⏳ 30分钟　🏛 简单

主料 — 番茄2个…嫩豆腐1盒

辅料 — 鸡蛋1个…香葱1根…淀粉1/2茶匙
香油1茶匙…植物油3汤匙
胡椒粉1克…盐适量

🍳 烹饪秘籍

炒番茄时，待番茄汤汁多出一些时再放入嫩豆腐，汤的味道更浓郁。

做法

1 番茄洗净，在顶部划十字，用开水浇烫一下，剥皮，切成丁。

2 嫩豆腐从盒中取出，切成1厘米见方的块。

3 鸡蛋磕入碗中，顺时针打散成鸡蛋液。

4 香葱去根、洗净，葱白葱绿分开，分别切碎。

5 淀粉中加入适量清水，调成水淀粉。

6 锅中倒入植物油，烧至七成热时，放入葱白碎爆香，下入番茄丁，中火翻炒5分钟，中间用铲子按压几次。

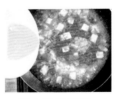

7 倒入嫩豆腐丁，中火继续翻炒3分钟，加入适量清水，大火煮开后转中小火，熬煮5分钟，将鸡蛋液缓慢倒入锅中，待蛋花成形。

8 向锅内加入胡椒粉和适量盐，倒入香油和水淀粉，搅拌均匀后关火，盛出，撒入葱绿碎点缀即可。

番茄炒菜花

⧗ 25 分钟　🏛 简单

主料— 番茄 1 个⋯菜花 300 克

辅料— 食用油 1 汤匙⋯盐 3 克⋯蒜片 4 克
　　　鸡精 2 克

烹饪秘籍

菜花，也叫花菜，有白管和绿管两种可以选择。绿管的翠绿清脆，白管的煮起来熟得快，可以根据自己的喜好购买。

做法

1 菜花切成小朵，泡入淡盐水中，捞出后用清水洗净备用。

2 番茄洗净、去蒂后切成小块备用。

3 锅中烧水，沸腾后放入少许食用油和盐，加入菜花焯烫2分钟后捞出过凉水。

4 起锅，放剩余食用油，加蒜片炒出香味，放入菜花，大火翻炒。

5 炒至菜花透明时加入番茄继续炒匀，其间加点水避免干锅。

6 炒至番茄出汁时，加入剩余盐和鸡精炒匀，即可出锅。

酸甜炸藕丁

⧗ 20 分钟　　🏛 中等

主料 — 莲藕 1 根（300 克左右）

辅料 — 淀粉 3 茶匙　白糖 1 茶匙　酱油 2 茶匙
　　　白醋 1 茶匙　白芝麻适量　食用油适量

烹饪秘籍

如何判断油温是否可以炸食物？取一根木筷子，伸入油中，如果筷子周边起小泡泡，此时就可以将食物下锅。

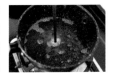

做法

1　莲藕去皮，切成约3厘米长的丁。切好的莲藕均匀裹一层淀粉。

2　油锅烧至八成热，放入莲藕丁炸至金黄，捞出控油。

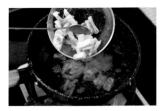

3　待油温重新升高，放入莲藕丁复炸一次。

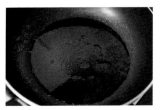

4　另起一锅，烧热放油，放入白糖、酱油、白醋和清水，小火熬成酱汁。

5　放入炸好的藕丁翻炒，均匀裹上酱汁。

6　出锅前撒上白芝麻即可。

醋熘甘蓝

 20 分钟　 中等

主料— 紫甘蓝半棵

辅料— 大蒜 4 瓣　干辣椒 5 个　醋 2 汤匙
白糖 2 茶匙　生抽 2 茶匙　淀粉 2 茶匙
鸡精 1/2 茶匙　香油少许

烹饪秘籍

紫甘蓝可以生吃，炒久易出汤，且颜色不好看，因此要大火快炒，将调料裹匀即可。

做法

1 将紫甘蓝切掉根，掰成片，洗净，沥干。切掉根是为了更易掰开。

2 洗净的紫甘蓝去掉大梗，撕成小片。大梗较硬，口感不好。

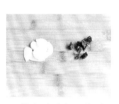

3 蒜去皮去根，切片。干辣椒去蒂，切小段。

4 取一小碗，加醋、生抽、白糖、淀粉、鸡精调匀，成调味汁。

5 炒锅放油，开中火，五成热时放入蒜片和辣椒段爆香。

6 转大火，下紫甘蓝片，大火爆炒30 秒。

7 倒入调味汁，快速翻炒均匀。调料汁中有糖和淀粉，易粘锅，所以要快速翻炒。

8 待汤汁变浓稠透亮时关火，出锅前淋入少量香油拌匀即可。

番茄炖长茄

⏳ 30 分钟　　🏛 简单

主料 — 番茄 2 个⋯紫长茄 2 个

辅料 — 生抽 2 汤匙⋯蚝油 2 汤匙⋯淀粉 1/2 茶匙
白糖 1/2 茶匙⋯米醋 1 汤匙⋯小米椒 2 根
生姜 2 片⋯大蒜 4 瓣⋯香葱 1 根⋯盐适量

🥄 烹饪秘籍

1 放入蒜之后要焖煮一下，蒜的香味才能出来。
2 将 2/3 的番茄块炒成汤汁，可免去用油，其余的 1/3 后入锅，可以保留块状，方便食用。

做法

1 番茄洗净，顶部划十字，用开水烫一下，去掉表皮，切成小块。

2 紫长茄洗净，去蒂，切成滚刀块；小米椒洗净，去蒂，切圈；姜、蒜去皮、切末；香葱洗净，去根，切末。

3 将生抽、蚝油、米醋、白糖混合，加少许盐调成料汁。

4 淀粉加适量清水调成水淀粉。

5 平底锅加热，不放油，加入姜末、小米椒圈爆香，随后放入 2/3 的番茄块炒出汤汁，再放入长茄块，中火翻炒 3 分钟。

6 倒入料汁和剩余番茄块，加适量清水，大火煮开，转小火炖煮 10 分钟。

7 接着淋入水淀粉，调大火收汁，加入蒜末拌匀调味，盖上锅盖，焖煮至蒜出香味。

8 最后撒入香葱碎调味即可。

CHAPTER

3.

肉食动物

干饭人干饭魂

山楂烧肉

⧗ 80 分钟　🏛 中等

主料— 五花肉 400 克
　　　 山楂（干）适量

辅料— 冰糖 15 克 · 姜 15 克 · 葱 10 克 · 蒜 3 瓣 · 花椒 3 克
　　　 八角 2 颗 · 干红辣椒 5 根 · 盐 1/2 茶匙 · 胡椒粉 1/2 茶匙
　　　 料酒 1 汤匙 · 油 20 毫升

做法

1 将五花肉洗净，放入冷水锅中加热至表面变色后捞出，放在盛器中凉一会儿。

2 葱、姜、蒜洗净，葱切3厘米左右的段，姜、蒜切片。

3 干红辣椒洗净，用剪刀剪成段，山楂洗净去核备用。

4 将凉好的五花肉切成2.5厘米见方的肉块，备用。

5 锅中放油烧至五成热，放入冰糖炒至颜色变成棕褐色并开始冒小气泡时，放入切好的五花肉翻炒。

6 将葱段、姜片、蒜片放入锅中，加入花椒、八角、干红辣椒段、料酒、胡椒粉炒香。

7 锅中倒入热水，没过食材大火烧开后，将山楂放入锅中翻匀，开锅后小火焖煮1小时左右。

8 等到锅内汤汁变浓稠后，加少许盐入锅中调味，即可关火连汤盛出。

烹饪秘籍

因为这道菜已经炒过糖色了，可以不用加老抽来上色，若希望菜品颜色更深，则可以加一些老抽来增色。此外，如果没有新鲜山楂，用山楂干也可以。

蒜泥白肉

 40 分钟　　🏛 简单

主料 — 带皮五花肉 300 克（整块，先不要切）
黄瓜 1 根

辅料 — 小米椒 2 根 · 花椒粉 1/2 茶匙 · 盐、鸡精各 1/2 茶匙 · 香葱 15 克 · 生姜 10 克 · 大蒜 6~8 瓣 · 熟白芝麻 5 克 · 红辣椒油 1 汤匙 · 料酒 2 茶匙 · 生抽 3 茶匙 · 白糖 10 克 · 香油 1 茶匙

可根据个人口味不同酌情增减蒜泥用量。蒜泥的制作方法是将大蒜洗净去皮后，用刀背拍松，再放入捣蒜缸内，加少许盐，上下用力，捣成泥即可。如蒜泥水分偏少，可加1茶匙温水调匀。

做法

1　葱、姜、蒜洗净，香葱一半切段，一半切末，姜一半切片，一半切末，蒜打成蒜泥，小米椒洗净，用剪刀剪成辣椒圈。

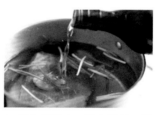

2　锅中加清水，放入姜片、葱段、料酒，放入猪肉，大火煮开。撇去浮沫，用中小火继续煮至猪肉熟透，捞出凉凉备用。

3　黄瓜洗净后，斜刀切成3毫米的薄片，摆在盘底，备用。

4　取一个小碗，放入葱末、姜末、蒜泥、辣椒圈，加入盐、鸡精、白糖、花椒粉、生抽、辣椒油、香油、白芝麻调成酱汁。

5　将放凉的猪肉切成厚约3毫米的大片。

6　将切好的白肉放在切好的黄瓜片上。将调好的蒜泥酱汁浇在白肉上，就可以吃啦。

橙汁叉烧肉

⏲ 60 分钟　🏛 简单

主料 — 里脊肉 300 克 · 橙子 1 个

辅料 — 叉烧酱 15 克 · 生姜 5 克 · 大蒜 2 瓣
盐 1/2 茶匙 · 胡椒粉 1/2 茶匙
料酒 2 茶匙 · 蜂蜜适量

🍳 烹饪秘籍

烤肉的时间要根据肉的多少和厚薄灵活掌握，可以通过观察调整时间，并可在烤制中途拿出翻一下面，以免烤煳。为了不浪费烤出的肉汁，可以中途在烤盘空余的地方加一些蔬菜进去，搭配肉吃，更加美味。

做法

1 姜、蒜洗净，切成薄片备用。

2 里脊肉洗净，用刀背将肉拍松后，加入盐、料酒、姜、蒜腌制20分钟。

3 橙子剥皮取出果肉，挤出橙汁，均匀加在肉的表面，再用力抓揉片刻。

4 将胡椒粉撒在肉的表面，用手抹匀。

5 将叉烧酱抹在肉的表面，同样要抹匀，再将肉整齐摆在烤盘中。

6 烤箱预热180℃，放入烤盘，烤30分钟左右后取出。

7 将蜂蜜均匀抹在烤肉上，再将烤盘放回烤箱，烤5分钟左右后取出。

8 取出烤肉，用刀斜切成片，摆盘即可食用。

梅子排骨

 80 分钟　　中等

主料 — 猪肋排 500 克（请商贩代劳切小块）

辅料 — 话梅市售 10 颗・生姜 10 克・大蒜 5 克
盐 1/2 茶匙・鸡精 1/2 茶匙・白砂糖 20 克
料酒 2 汤匙・生抽 3 茶匙・老抽 1 茶匙
油 30 毫升

烹饪秘籍

这道菜的汤汁比肉还下饭，所以汤汁不要收得太干，要想令菜品看上去更好看，还可以在最后关火前，加一些甜红椒粒进去，断生后关火盛出。如果能买到话梅酱来做这道菜就更好了。

做法

1　将切好的肋排用清水冲洗至基本去除血水后，捞出控干。加盐、鸡精和少许料酒搅拌均匀，腌制半小时左右。

2　话梅去核，果肉切成黄豆粒大小备用，姜、蒜洗净，分别切成末。用生抽、老抽、白砂糖、话梅肉和剩余的盐、鸡精、料酒，调成酱汁。

3　锅中放油烧至五成热，将排骨放入小火煎至两面金黄后盛出。

4　锅中留底油，烧热后将下姜末、蒜末煸炒出香气后，倒入煎好的排骨继续翻炒炒匀。

5　将准备好的调味汁倒入锅中，翻炒均匀后，倒入清水没过食材，大火烧开后转小火焖煮30分钟。

6　待锅中汤汁转浓稠后，用铲子翻拌至排骨均匀裹上酱汁后，即可关火盛出。

京酱肉丝

⊠ 20 分钟　　🏛 中等

主料 —— 猪里脊肉 250 克　大葱 2 根

辅料 —— 京酱 2 汤匙　香油 1 茶匙　酱油 1 茶匙
淀粉 1 茶匙　蛋清 1 个　油适量

京酱做法见 P167

猪里脊肉丝尽量不要切太细，要想肉丝切得均匀，可以提前把肉微微冷冻，更容易切丝。

做法

1 猪里脊肉洗净，切丝。

2 取一个大碗，放入猪里脊肉，倒入酱油、淀粉和蛋清拌匀，腌制10分钟。

3 大葱去皮，洗净、切丝，沥干水分，装盘。

4 炒锅烧热倒油，放入猪里脊肉丝炒散。

5 倒入京酱，快速翻炒均匀。

6 淋上香油即可起锅，盛出，摆在葱丝上即可。

猪肉酸菜炖粉条

⏳ 30 分钟　　🏛 中等

主料 — 猪五花肉 200 克　酸菜 150 克
东北拉皮 75 克

辅料 — 蒜末 5 克　姜末 5 克　葱花 3 克
老抽 1 茶匙　料酒 1 茶匙　盐适量
油适量

烹饪秘籍

东北拉皮很容易糊，所以
泡的时候不宜用太热的水，
时间也不宜过长；拉皮泡
软后为了防止其黏在一块，
要用冷水冲洗并用手抓开。

做法

1　东北拉皮用热水浸泡8分钟左右，泡软后冷水冲洗并用手撕开。

2　酸菜在清水中冲洗一遍，然后切细丝备用。

3　猪五花肉洗净，切边长2厘米左右的方块。

4　将切好的五花肉放在小碗里，加老抽、料酒腌制片刻。

5　取一炒锅，锅内倒油，待油温烧至五成热，加蒜末、姜末爆香，下五花肉煸炒。

6　下酸菜丝入锅中，同五花肉翻炒至香味溢出，倒入适量清水，大火炖煮至肉熟烂。

7　汤烧开后将泡好的拉皮下入锅中，再次炖至开锅。

8　最后，加适量盐调味，撒上葱花即可。

干锅腊肉菜花

⏳ 30 分钟　　🏛 简单

主料 — 有机菜花 400 克　腊肉 100 克
　　　 青蒜 50 克　青尖椒 2 根

辅料 — 香葱 10 克　生姜 10 克　大蒜 4 瓣
　　　 干红辣椒 5 根　花椒 5 粒　盐 1/2 茶匙
　　　 鸡精 1/2 茶匙　酱油 2 茶匙　料酒 2 茶匙
　　　 白糖 1 茶匙　油 30 毫升

烹饪
秘籍

有机菜花比起一般的菜花，花茎要细一些，更
容易熟。如果要是用普通菜花，可以事先用热
水焯一下，就比较易于烹饪了。

做法

1 腊肉用温水洗净后切3毫米左右厚的片。

2 菜花洗净后，撕成小朵，再用淡盐水浸泡10分钟后，控水。

3 青蒜、青尖椒洗净后切成长约3厘米的段，备用。

4 葱、姜、蒜洗净后，葱切末，姜、蒜切片，干红辣椒洗净切段。

5 锅中放油加热至五成热，下入花椒粒和干辣椒爆香后，加入葱末、姜片和蒜片炒香。

6 将切好的腊肉倒入锅中，中小火煸炒出油，即腊肉中间的肥肉部分变成透明。

7 将控过水的有机菜花倒入锅中，大火翻炒5分钟，再将青蒜和青辣椒倒入锅中炒3~5分钟。

8 在锅中加入酱油、料酒、白糖、鸡精和盐，炒匀后即可盛出。

黑四剁

⏳ 30分钟　🏛 简单

🔵 主料 — 玫瑰大头菜200克　瘦猪肉200克
泡发香菇100克　青辣椒2个

🔵 辅料 — 香葱5克　生姜5克　大蒜2瓣
小米椒3根　鸡精1/2茶匙　生抽1茶匙
老抽1茶匙　白砂糖1茶匙
胡椒粉1/2茶匙　料酒2茶匙
油20毫升

 烹饪秘籍

玫瑰大头菜以芥菜为原料，用盐、红玫瑰糖、饴糖、特制酱料等腌制而成，曾获巴拿马国际博览会金奖，深受百姓喜爱。因为玫瑰大头菜本身很咸，所以必须慎重放盐，最好不放。

做法

1 五花肉洗净，先切片再切成碎肉丁，加生抽、料酒腌制10分钟。

2 泡发好的香菇洗净，却掉根蒂后，切成丁，小米椒洗净、切碎。

3 青辣椒和玫瑰大头菜洗净、切丁，葱、姜、蒜洗净切末。

4 锅中放油加热至六成热，倒入葱末、姜末、蒜末、小米椒碎爆香。

5 猪肉丁入锅炒散，至表面微焦，倒入老抽和白砂糖，大火炒匀后盛出。

6 锅中留底油，下玫瑰大头菜粒、香菇粒煸炒3分钟。

7 将青椒粒和肉粒倒入锅中，继续炒3分钟。

8 锅中加少许鸡精和胡椒粉调味，炒匀后关火即可。

肉末烧茄子

⏳ 20分钟　🏛 简单

主料—长茄子2根　肉末60克

辅料—葱花15克　姜末8克　蒜末10克
鸡精1/2茶匙　生抽2汤匙
老抽2茶匙　白糖1茶匙　料酒1汤匙
油50毫升（实耗约45毫升）

烹饪秘籍

除了长茄子也可选择圆茄子，但圆茄子的皮较厚，为追求口感可将茄子去皮再烹饪。圆茄子肉质较厚，可切成马蹄块再烹饪，会更易入味，而且烹饪时间要适当增加。

做法

1 肉末用1汤匙生抽和料酒搅匀，去腥备用。

2 将长茄子洗净，去蒂，不必去皮，先切成5厘米左右的长段，再切成粗条。

3 锅中放油烧至四成热，将茄子条放入炸至变软、边缘微微发黄的时候，捞出沥油。

4 锅中留下少许油，烧至六成热，将葱花、姜末、蒜末爆香。

5 放入肉末，大火煸炒至变色断生，并勤加翻炒，使其尽量散开。

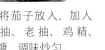
6 将茄子放入，加入生抽、老抽、鸡精、白糖，调味炒匀。

7 加入200毫升左右的清水，大火煮开。

8 至汤汁收干即可出锅。

尖椒炒大肠

 20 分钟　　血 中等

主料 — 卤猪大肠（市售）400 克···青尖椒 3 根
红尖椒 3 根

辅料 — 香葱 5 克···生姜 10 克···大蒜 4 瓣
干红辣椒 5 根···盐 1/2 茶匙
鸡精 1/2 茶匙···生抽 2 茶匙
料酒 2 茶匙···白砂糖 1 茶匙
油 30 毫升

 烹饪秘籍

买市售的卤猪肠比较方便，如果条件允许，也可以直接用新鲜的猪大肠进行烹饪。在清洗大肠时，需要很大的耐心，否则会留下腥臊的气味，影响进食。

做法

1 卤猪大肠，切成两三厘米左右长的段，待用。

2 青尖椒、红尖椒洗净后，斜切成3厘米的段。

3 葱、姜、蒜洗净后，葱切末，姜、蒜切片，干红辣椒洗净切段。

4 锅中放油烧至五成热，下葱、姜、蒜爆香后，再加入干红辣椒段炒香。

5 将切好的卤猪大肠倒入锅中翻炒均匀。

6 将青尖椒、红尖椒段倒入锅中，继续翻炒3~5分钟。

7 在锅中加入盐、料酒、生抽、白砂糖、鸡精，炒匀后关火。

8 临出锅前，撒少许香葱末即可。

酱爆猪肝

 15 分钟　 简单

主料—— 猪肝 350 克　黄瓜 1 根

辅料—— 黄酱 4 茶匙　白糖 1 茶匙　料酒 1 汤匙
鸡粉 2 克　大蒜 20 克　油 3 汤匙

烹饪秘籍

如果猪肝中的血水过多，容易影响其味道和口
感，故需要泡净；同时，由于猪肝不宜加热时
间过长，所以，为了尽量缩短拿调味料的瓶瓶
罐罐的时间，要事先制作调味汁。

做法

1　将猪肝切成三四毫米厚的薄片，放入清水中泡净血水备用。

2　黄瓜洗净，切成平行四边形的片备用。

3　将黄酱、白糖、鸡粉和少许温水放在一起调匀制成调味汁。

4　将蒜去皮剁成蒜末。锅中放油烧至七八成热，即能看到轻微油烟的时候，放入蒜末煸香。

5　放入猪肝，烹入料酒大火烹炒，至猪肝断生变色。

6　放入黄瓜和调味汁，快速翻炒均匀，至猪肝刚刚熟透即可。

XO 酱炒牛肉

 20 分钟　 中等

主料 — 牛上脑 250 克

辅料 — 港式 XO 酱 2 汤匙　淀粉 2 茶匙
蚝油 2 茶匙　料酒 2 茶匙　大蒜 3 瓣
食用油适量

港式 XO 酱做法见 P170

烹饪秘籍

在牛肉的选择上，牛上脑相比牛里脊更嫩，带
有一些肥肉，吃起来更有肉香。

做法

1　牛上脑洗净后，切成薄片。

2　取一个大碗，放入牛肉片，
加入淀粉、蚝油和料酒抓匀，
腌制10分钟。

3　大蒜剥皮、切片。

4　炒锅中放油，放入蒜片爆香。

5　放入腌好的牛肉片，大火炒
至肉变色。

6　倒入港式XO酱，翻炒均匀
即可。

黑椒牛柳

⏳ 20 分钟　　🏛 中等

主料 ── 牛里脊肉 250 克　洋葱半个

辅料 ── 黑椒酱 2 汤匙　料酒 1 汤匙
　　　　蚝油 1 茶匙　淀粉 1 汤匙　食用油适量

黑椒酱做法见 P171

🍴 烹饪
秘籍

在切牛肉的刀法上，下刀的方向要与牛肉纹路
成 90° 直角，即垂直牛肉的纹路切。因为牛肉
纹路较粗，这样切吃起来口感会比较嫩。

做法

1 牛里脊肉洗净，用
厨房纸巾吸干表面水
分，切成长条。

2 加入料酒、蚝油和
淀粉搅拌均匀，腌半
小时。

3 洋葱去皮、切丝。

4 炒锅倒入油烧热，
倒入牛柳，炒至七八
成熟时盛出。

5 锅底留油，放入洋
葱炒香。

6 放入炒好的牛柳。

7 倒入黑椒酱，搅拌
均匀即可。

香锅牛排

⏳ 1小时　🏛 中等

(主料) — 牛仔骨 500 克

(辅料) — 芹菜 150 克·青蒜苗 2 棵·红椒 1 个·生姜 10 克
大蒜 5 瓣·干辣椒 10 个·八角 3 颗·桂皮 1 个
香叶 2 片·老抽 2 茶匙·生抽 1 汤匙·料酒 2 茶匙
白糖 2 茶匙·盐 1 茶匙·油适量

做法

1　牛仔骨洗净斩3厘米左右的段，放入开水锅中余烫2分钟后捞出。

2　芹菜、青蒜苗择洗干净，切成5厘米长的段；红椒去蒂洗净切滚刀块。

3　姜、蒜去皮洗净拍扁；干辣椒洗净切小段；八角、桂皮、香叶洗净，并将桂皮掰小块。

4　将牛仔骨放入压力锅，并放入姜、八角、桂皮、香叶，调入料酒、生抽，倒入适量清水。

5　加盖，大火煮开后转小火压半小时关火；待压力锅泄压降温后，开盖捞出牛仔骨和香料。

6　炒锅加适量油烧热，放入蒜瓣、干辣椒爆出香味，放入牛仔骨和香料翻炒均匀。

7　然后调入老抽翻炒至牛仔骨上色；再放入红椒块、芹菜、青蒜苗翻炒至熟。

8　最后加入盐和白糖翻炒调味即可。

烹饪秘籍

选择高压锅炖煮牛仔骨，会大大节省烹制时间，而且牛仔骨口感会更佳。

茄汁薄荷炖小牛腱

⏳ 2小时　🏛 中等

主料 — 牛腱子1个

辅料 — 胡萝卜1根·洋葱1/4个·番茄1个
西芹2根·生姜5片·蒜2瓣
大葱段10克·八角3颗·桂皮1小块
香叶2片·薄荷碎适量·番茄酱5汤匙
淀粉1汤匙·黑胡椒粉1茶匙
白砂糖少许·红酒少许·盐1茶匙
橄榄油适量

烹饪秘籍

番茄酱的量可以根据个人喜好增减。

做法

1　胡萝卜、番茄洗净，切滚刀块；洋葱洗净切小片；西芹洗净切3厘米长的段。

2　牛腱子洗净，切大块，用厨房用纸擦干水分；表面抹上盐、黑胡椒粉和薄薄的一层淀粉。

3　炒锅中加入适量橄榄油烧热，放入牛腱子煎至表面焦黄后加姜片、蒜瓣、大葱段炒香。

4　将牛腱子转入汤锅中，加适量热水，放八角、桂皮、香叶，大火煮开后转小火炖1.5小时。待牛腱子炖至酥烂时，加入胡萝卜块继续炖煮至熟透变软。

5　炒锅入适量橄榄油烧热，放入洋葱片煸香，然后下入番茄块、番茄酱、白砂糖翻炒均匀。

6　再将汤牛腱子倒入锅中，并加入西芹段、少许红酒、盐，继续炖煮15分钟，然后大火收汁，撒上薄荷碎即可。

蒜烧牛肉粒

 40分钟 　 中等

主料—牛里脊肉300克　青尖椒1根
大蒜1头

辅料—小红辣椒2根　蚝油2汤匙
生抽2茶匙　白酒1汤匙　淀粉1茶匙
油4汤匙

烹饪
秘籍

烹饪这道菜所使用的牛肉中，最好的选择是上脑，筋膜少，纤维细，口感好。大蒜可以根据个人喜好添减。

做法

1　将牛里脊肉切成1.5厘米见方的丁；青尖椒去蒂去子，切段；小红辣椒洗净切段。

2　在牛里脊肉中加1汤匙蚝油、白酒、1汤匙油拌匀，放入淀粉抓匀，腌制30分钟入味。

3　大蒜分成蒜瓣，放在案板上拍松，去皮备用。

4　锅中放油，烧至五成热，将大蒜整瓣放入，中火煎至表面发黄后取出。

5　放入牛里脊肉，大火煸炒至刚刚变色断生。此时的牛里脊还保持软滑。

6　放入青尖椒和小红辣椒炒匀，炒出辣椒的香气。

7　放入大蒜炒匀。这道菜没了蒜香就不够精彩了，所以不要忽视蒜瓣哦！

8　加入蚝油、生抽，翻炒均匀即可。

葱爆肉

 20分钟　　简单

主料— 五花肉 200 克　大葱 2 根

辅料— 姜 5 克　大蒜 2 瓣　盐 1/2 茶匙
　　　鸡精 1/2 茶匙　生抽 1 茶匙
　　　白砂糖 1 茶匙　料酒 2 茶匙　油 20 毫升

烹饪秘籍

大葱首选用葱白，经过炒制，葱不再辣，反而有些甜味。如果把猪肉替换成羊肉，也是不错的选择，那就是另一道菜"葱爆羊肉"了。

做法

1　五花肉去皮后洗净，切成3毫米左右的薄片，加盐、生抽、料酒腌10分钟。

2　大葱洗净后，取葱白斜切成猫耳状。

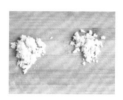

3　姜、蒜洗净，切成末，备用。

4　锅中放油加热至五成热，倒入姜末、蒜末爆香。

5　将腌好的肉片倒入锅中，炒至表面颜色变白，肥肉部分变透明。

6　向锅内加入生抽、料酒、白砂糖，大火翻炒均匀。

7　将切好的葱白倒入锅中，大火翻炒3分钟。

8　向锅内加入盐和鸡精，炒匀后，关火即可。

孜然羊肉

 10 分钟　 中等

主料— 羊肉 400 克

辅料— 青椒 2 个　生姜 2 片　大蒜 2 瓣
小葱 2 根　干辣椒 3 个　孜然粉 1/2 汤匙
孜然粒 1 汤匙　料酒 2 茶匙　生抽 2 茶匙
淀粉 1/2 汤匙　白砂糖 1 茶匙　盐 1 茶匙
油适量

烹饪秘籍

喜欢吃辣的，可以在首次炒制羊肉时，热油下
入适量辣椒粉爆香，但是油温一定要控制好，
而且要小火，不然辣椒粉很容易煳。

做法

1 羊肉洗净，切薄片，
加入料酒、生抽、孜
然粉、淀粉抓匀腌制
待用。

2 青椒去蒂去子，洗
净，切小块；干辣椒
洗净，剪小段待用。

3 生姜、大蒜去皮洗
净，分别切姜末、蒜末；
小葱洗净，切葱粒。

4 炒锅内倒入适量油，
烧至七成热，放入腌
制后的羊肉片，大火快
炒至羊肉变色后盛出。

5 炒锅内再倒入少许
油烧热，放入姜末、
蒜末、干辣椒段爆至
出香味。

6 接着放入青椒块，
翻炒半分钟左右，然
后放孜然粒，继续翻
炒均匀。

7 再放入炒制后的羊
肉片，继续翻炒至羊
肉均匀裹上孜然粒。

8 最后调入白砂糖、
盐翻炒调味，出锅前
撒入葱粒即可。

酱爆鸡丁

 12 分钟　　中等

主料— 鸡胸肉 200 克　黄瓜 1 根

辅料— 甜面酱 3 汤匙　鸡粉 1/2 茶匙
　　　姜末 10 克　料酒 1 汤匙　蛋清适量
　　　淀粉少许　油适量

烹饪秘籍

这道菜也可以用黄酱来炒，根据口味加糖就可
以，两种酱料风味稍有差异，黄酱偏酱香，味
道厚重，甜面酱偏甜，味道略薄。如果讲究
的，可以将两种酱料混合起来使用。

做法

1　将鸡胸肉洗净，切成1.5厘米左右
见方的丁；黄瓜洗净，去掉两端后，
纵切成四条，再切成小丁备用。

2　将鸡胸肉用料酒、鸡粉和淀粉抓
匀入味，然后加入蛋清抓拌均匀，
让其手感近乎于豆腐为佳。

3　锅中放油烧至四成热，放入姜
末，再放入鸡丁，温油中火滑至鸡
丁基本熟透后盛出。

4　锅中留适量油，放入甜面酱，小
火炒至微微变浓稠，下入黄瓜丁和
鸡丁翻匀即可。

彩椒炒鸡丁

 20分钟　　简单

主料 — 鸡腿肉300克　青椒1个　红椒1个
黄椒1个

辅料 — 盐、鸡精各1/2茶匙　白糖1/2茶匙
蚝油4茶匙　料酒1汤匙
葱末、姜末各8克　油3汤匙

出锅前，也可勾少许薄芡，令菜品更有光泽，
若不喜欢勾芡，则可省此步骤。

做法

1 将鸡腿肉切块。如
果嫌鸡腿肉不容易处
理的话，也可以用鸡
胸，只不过口感稍逊。

2 青椒、红椒、黄椒
分别去蒂去子，洗净
后，切成小方片备用。

3 将鸡腿肉用蚝油、
料酒抓拌均匀，腌制
入味备用。腌制时间
在20分钟以上为宜。

4 锅中放油烧至四成
热，爆香葱末、姜末。

5 放入鸡腿肉，将其
翻炒至变色后，继续
炒1分钟左右至其八成
熟，盛出备用。

6 锅中留少许油，将
青椒、红椒、黄椒放
入，煸炒1分钟左右。
去掉其中的生涩气味。

7 加入鸡腿肉炒匀。
由于刚才已经炒至八成
熟，所以这里时间最好
控制在2分钟以内。

8 放入盐、鸡精、白
糖翻炒均匀即可。

子姜炒鸭

 60分钟　　 中等

主料—— 带骨鸭肉 500 克…子姜 100 克

辅料—— 干红辣椒 5 克…葱末、姜片、蒜末各适量
料酒 1 汤匙…白糖 2 茶匙
生抽 2 茶匙
鸡精、盐、八角各适量…胡椒粉少许
油 2 汤匙

烹饪秘籍

子姜没有老姜那么浓烈
辛辣，而是口感鲜嫩，
且用途极广，既能炒菜
也能腌制，药用、食疗
价值极高，常与鸭肉搭
配，味道非常鲜美。

做法

1 将鸭子泡净血水，
斩件切块。这里使用
光鸭，也可以根据需
要选择鸭腿、鸭胸等。

2 斩好的鸭块用盐、
姜片和料酒腌10分钟。
如果有白酒、黄酒，
也可以替代料酒。

3 子姜洗净，斜刀切
成薄片。子姜是比老
姜更嫩的姜，水分更
丰富，味道更鲜。

4 锅内放清水，放入
八角和姜片，下鸭块
汆烫10分钟左右，捞
出沥水。

5 锅内烧热油，下葱
末、蒜末，干辣椒爆香。

6 鸭块倒入锅中，加
盐、生抽、白糖、鸡
精、料酒和胡椒粉翻
炒均匀。

7 下子姜片，大火翻
炒均匀。这时应该会
很快闻到姜的香气。

8 加清水大火烧开后
转小火煮30分钟左右，
待汤汁基本收干，即
可关火盛出。

啤酒鸭

 45 分钟　 中等

主料— 鸭子半只　啤酒1瓶

辅料— 干红椒5个　八角2颗　大蒜2瓣
生姜2片　香葱2根　蚝油1汤匙
老抽1汤匙　盐1/3茶匙　油适量

烹饪秘籍

鸭肉膻味较重，可在浸泡去血水后入开水锅中焯水，去除多余膻味，最后炖煮出来的鸭块味更浓更香。

做法

1 鸭子清洗干净，剁成大小适中的块，用清水浸泡10分钟左右去血水。

2 干红椒切小段备用；大蒜、姜切碎末备用；香葱切葱粒备用；八角洗净备用。

3 炒锅放油烧至六成热，放入干红椒段、蒜末、姜末煸香。

4 然后倒入鸭块大火迅速翻炒片刻，收干水分。

5 依次放入八角、蚝油、老抽，不断翻炒至上色。

6 接着倒入啤酒，用勺子将所有食材搅拌均匀。

7 盖上锅盖，大火烧开后转中小火慢炖30分钟左右。

8 待汤汁快收干时，加入盐调味，最后撒上葱粒即可。

豆瓣鱼

🕙 40分钟　　🏛 中等

主料— 草鱼段 600 克┈郫县豆瓣 50 克

辅料— 香葱末 10 克┈姜末、蒜末各 5 克
四川泡辣椒 3 根┈香菜 2 根
白糖 2 茶匙┈料酒 1 汤匙┈醋少许
高汤、淀粉各适量┈油 2 汤匙

> ✦ 烹饪秘籍

郫县豆瓣被称作"川菜之魂"，其特点是辣味浓重、油润鲜红、回味悠长，制作川菜必不可少；因豆瓣本身盐量较足，烹饪过程中无需再加盐。

做法

1 将草鱼段清洗干净，切块。用厨房用纸吸干鱼表面的水，备用。香菜洗净切段。

2 锅中加油烧热后，小火煎至鱼块两面金黄后，关火盛出。

3 锅中放油，量要比平时炒菜多一些，烧至七成热，放入剁细的豆瓣酱小火翻炒。

4 将白糖、料酒加入锅内翻炒均匀后，加高汤大火煮开。

5 将煎好的鱼放入高汤中，小火焖煮5分钟，待鱼熟透后捞出装盘。

6 锅内加入姜末、蒜末和剁碎的泡辣椒，淋少许醋，同时加入淀粉勾的薄芡。

7 待锅中汤汁收浓后，关火，将汤汁浇在鱼上。注意要浇得匀一些。

8 最后，加香菜和香葱末点缀即可。

糖醋虾球

 8分钟　中等

主料—鲜虾 500 克

辅料—生姜 5 克　香葱 1 根　白砂糖 5 茶匙
生抽 2 茶匙　老抽 1 茶匙　米醋 2 汤匙
料酒 1 汤匙　白芝麻少许　油适量

烹饪秘籍

去虾线时，先用刀将虾背开一道口，然后用牙签轻轻挑出虾线即可，简单方便哦。

做法

1　虾去壳，背部划开去虾线，洗净沥干水分。

2　姜洗净切姜末；香葱洗净切葱粒。

3　锅中烧热油，放入虾仁过油30秒后捞出沥油。

4　另起一锅烧热油，放入姜末、葱粒爆至香味溢出。

5　然后放入过油后的虾仁，同姜末、葱粒翻炒均匀。

6　接着调入料酒、生抽、老抽炒至虾仁上色。注意火力不要太猛，以免炒煳。

7　再倒入米醋、白砂糖调味，翻炒均匀。

8　最后在出锅前撒入白芝麻炒匀即可。

雪菜烧带鱼

 15分钟　　🏛 简单

主料—带鱼1条·雪菜200克　　辅料—生姜10克·大蒜2瓣·葱花5克·料酒2汤匙
鸡精1茶匙·盐1/2茶匙·油适量

做法

1 带鱼反复清洗干净后斩或三四厘米左右长的段。

2 雪菜切1厘米左右长的小碎段待用。

3 姜洗净切丝；大蒜剥皮洗净切蒜片。

4 炒锅倒入适量油烧热，放入带鱼段，以中小火煎至两面金黄后盛出待用。

5 炒锅中再倒入少许油烧热，放入姜丝、蒜片爆出香味。

6 然后放入切好的雪菜碎段，以中大火翻炒片刻。

7 再放入煎制后的带鱼段炒匀，并调入料酒，加适量开水煮七八分钟。

8 最后加入盐和鸡精调味，撒入葱花，搅匀即可。

 烹饪秘籍　带鱼可以提前加盐、白胡椒粉、白酒腌制去腥；雪菜有一定的咸味，最后加盐调味时要把握好分量。

酱油虾

⏳ 8分钟　🏛 简单

👆 主料—鲜虾 350 克

👆 辅料—青尖椒 1 个　红尖椒 2 个　生姜 5 克　蒜 2 瓣
酱油 1/2 碗　油适量

做法

1　鲜虾过流水清洗干净，开背，挑去虾线，沥干水分待用。

2　青尖椒、红尖椒去蒂去子后洗净，并切碎末待用。

3　姜去皮洗净切末；蒜剥皮洗净切末。

4　锅中入适量油烧至八成热。

5　下入沥干水分的鲜虾炸至变色后捞出沥油。

6　锅中留少许底油，下姜末、蒜末、青椒末、红椒末煸至出香味。

7　然后倒入酱油，并加入少许清水熬制2分钟左右关火待用。

8　将炸好的虾装入深盘中，均匀淋上熬制好的酱油汁即可。

 烹饪秘籍　鲜虾挑去虾线洗净后加少许料酒腌制一下，虾肉会更鲜嫩。

蒜蓉蒸虾

 8分钟　血 简单

主 料—　基围虾 500 克　　辅 料—　大蒜 1 头 · 香葱 2 根 · 盐 1/2 茶匙 · 橄榄油少许

做法

1 基围虾洗净剪去边须，背部开刀，挑去虾线。

2 然后沿着背部开刀处平划一刀，将虾展平。

3 准备一个干净大盘，将准备好的基围虾头朝内呈圆形均匀排好。

4 大蒜剥皮后切蒜蓉，越细越好；香葱洗净切葱粒。

5 将切好的蒜蓉加入盐、少许橄榄油搅拌均匀。

6 然后将搅拌好的蒜蓉均匀地铺在虾肉上。

7 蒸锅入适量水烧开，将准备好的虾盘入锅大火蒸六七分钟。

8 最后在蒸好的虾上均匀撒上葱粒即可。

 烹饪秘籍

背部划开后的虾如果不能直接展平，可以借助擀面杖或者勺子之类的工具轻轻敲打至展平。

香炒鱼子

 20 分钟　　简单

主料 — 鱼子 300 克

辅料 — 油 150 毫升 … 盐、白糖各 1 茶匙
青椒 1 个 … 葱 1 根 … 生姜 1 块
料酒 100 毫升 … 生抽 2 汤匙
醋 1 汤匙 … 香菜 50 克

鱼子营养丰富，含大量的蛋白质、钙、磷、铁、维生素等，对大脑有滋补作用；不是所有的鱼子都能食用，河豚的鱼子就含有剧毒，千万不要误食。

做法

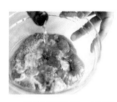

1 把鱼子洗净，去除外面的杂质，动作一定要轻。倒入少许料酒泡一会儿备用。

2 葱姜切碎、青椒切片，香菜切碎备用。如果对香菜的味道比较排斥，也可以不放。

3 锅中放油烧至五成热，即手掌放在上方能感觉到明显热力的时候，放入葱姜爆香。

4 放入泡好料酒的鱼子翻炒，记着要用锅铲从底部捞起翻炒，避免鱼子炒得太碎。

5 炒至鱼子变色即可以闻到香味后，再加料酒和生抽继续翻炒。

6 加入切好的青椒，继续炒片刻。

7 待青椒炒至没有生涩味，加入盐、醋、白糖调味。

8 上桌之前，再撒香菜即可。

五味小章鱼

 10 分钟　　 简单

主料— 小章鱼 250 克

辅料— 五味酱 1 汤匙　米酒 1 汤匙　面粉适量
　　　 生姜 20 克

五味酱做法见 P169

烹饪秘籍

焯烫小章鱼时，水开应
立即将章鱼捞出，否则
肉质会变老，失去柔嫩
弹牙的口感。

做法

1 小章鱼洗净，用面粉揉搓，
将吸盘里的脏东西洗出来。

2 将面粉冲洗干净。

3 生姜洗净、切片。

4 锅中烧开水，放入姜片和
米酒。

5 放入章鱼，水一开立即捞出。

6 将沥干水的小章鱼装盘，淋
上五味酱即可。

咖喱炖牛肉

⏳ 100 分钟　　🏛 简单

🔵 主料 — 牛腱 500 克　咖喱 80 克
　　　　土豆 1 个　胡萝卜 1 根

🔵 辅料 — 洋葱 1/2 个　大蒜 5 瓣　盐 1/3 茶匙　油适量

做法

1　牛腱洗净，切 2 厘米见方的方块，在水中泡 20 分钟后捞出，冷水下锅，煮开，焯去血水。

2　将土豆和胡萝卜洗净后去皮，再次洗净后，切成与牛腩同等大小的方块。

3　洋葱洗净切小块；蒜去皮洗净，切蒜粒。

4　炒锅中倒入适量油，烧至七成热，放入蒜粒和洋葱块，炒出香味。

5　然后放入焯水后的牛腱块，和蒜粒、洋葱一起翻炒均匀。

6　锅中加入足量清水，放入咖喱块，大火煮开后，转小火焖煮 1 小时。

7　1 小时后放入土豆块和胡萝卜块，适当搅拌一下，加盖继续煮至土豆、胡萝卜熟透。

8　最后根据个人口味加入盐调味，转大火收至汤汁浓稠即可。

烹饪秘籍

咖喱块的用量可根据个人喜好酌情增减。另外，咖喱会越煮越稠，要注意搅动、控制火候，谨防粘锅。

白酒煮花蛤

⏳ 10分钟　🏛 中等

主料— 花蛤 500 克

辅料— 海鲜酱 2 汤匙···白酒 50 毫升···盐适量
干辣椒 2 个···大蒜 2 瓣···小葱 2 根
油适量

⟹ 海鲜酱做法见 P177

🥄 烹饪秘籍

在盐水泡花蛤时，浮在水上面的花蛤，要扔
掉，不能使用，这种是已经坏了的。

做法

1 将花蛤放入盐水中，
浸泡30分钟，吐沙。

2 泡好的花蛤过一遍
清水，冲洗干净。

3 大蒜剥皮；小葱洗
净，打成葱结。

4 炒锅烧热放油，放
入大蒜、干辣椒炒香。

5 加入花蛤，倒入白
酒和适量水，没过食
材，放入葱结，盖上
锅盖煮滚。

6 待花蛤完全张开，
即可关火出锅。

7 食用时，蘸取海鲜
酱享用。

好汤送饭

浓淡皆宜，暖心暖胃

排骨玉米汤

⏳ 80 分钟　🍲 中等

主料 — 猪肋排 200 克 · 鲜香菇 2 个
玉米 150 克 · 胡萝卜 100 克

辅料 — 盐 1/2 茶匙 · 料酒 2 茶匙 · 八角 2 个
茴香 2 克 · 大葱葱白 1 段 · 生姜 15 克
香葱 1 棵

🍳 **烹饪秘籍**

如果不喜欢玉米煮得过于软烂，可以在排骨熬煮30分钟后再放入玉米。也可加入一些山药和红枣，味道更好。

做法

1 猪肋排洗净，控干水后剁成约4厘米长的段；鲜香菇洗净、去蒂，切成小块；玉米切成块；胡萝卜洗净、去皮，切成滚刀块。

2 将葱白洗净、切成段；生姜洗净、去皮后切成薄片；香葱洗净后切成葱花。

3 锅中放入排骨块，加入没过食材的凉水，煮开后撇去表面的浮沫，将排骨块捞出，再次清洗干净。

4 砂锅中倒入1200毫升清水，放入排骨块、香菇、玉米，加入葱白段、姜片、料酒、八角、茴香，大火烧开后转小火煲1小时。

5 放入胡萝卜块和盐，炖煮约5分钟。

6 出锅前加入葱花即可。

山药薏米猪骨汤

⏳ 160 分钟　🍲 简单

主料— 猪筒骨 300 克…山药 80 克

辅料— 薏米 30 克…盐适量

烹饪
秘籍

1 这道汤也可以不加盐，只品味淡淡的甜味。

2 选择两头大，中间小的猪后腿骨，骨髓比较多，煲汤营养价值高，让卖家帮忙剁成块。

3 购买薏米时，选择气味清香、有自然光泽、颜色均匀、呈现白色或黄白色、用手捏不会轻易捏碎的，这样的是新鲜的。

做法

1 猪筒骨用清水浸泡半小时左右，以去掉血污。

2 薏米提前用凉水浸泡4小时，直至有些发软，比较容易熟。

3 挑选面一点的山药，同一品种，须毛越多的越面。用清水冲洗干净。

4 山药去掉两端，刮去表皮，再次冲洗干净。

5 把洗净的山药切成长约2厘米的滚刀块，山药去掉表皮后会很滑，切的时候注意安全。

6 在汤锅内注入500毫升水，将猪筒骨冷水下锅，煮沸后撇干净浮沫。

7 加入山药块和薏米，大火煮开，转小火煲2小时，加适量盐调味即可。

苦瓜黑豆猪骨汤

 160 分钟　簡 简单

主料— 猪筒骨 300 克…苦瓜 100 克

辅料— 黑豆 20 克…盐适量

烹饪秘籍

煲汤之前提前把黑豆浸泡一夜，这样更容易煮软。

做法

1 选择两头大、中间小的猪后腿骨，让买家帮忙剁成块，回家后用清水浸泡半小时左右，以去掉血污。

2 苦瓜仔细冲洗干净，去掉两头，然后顺着苦瓜一切为四，去掉瓜瓤（如果可以接受苦味也可以不去，这样更去火）。

3 再次冲洗一下苦瓜，然后切成大块。

4 在锅里注入500毫升水，注意猪筒骨要冷水下锅，烧沸后撇净浮沫。

5 然后把其他所有食材放进汤锅，开大火，直至煮沸。

6 水沸腾后转小火，再煲2小时，关火，加入适量的盐即可。

莲藕腔骨汤

⏳ 60 分钟 　 🏛 简单

主料— 猪腔骨 750 克 · 莲藕 400 克

辅料— 生姜 5 片 · 大蒜 3 瓣 · 香葱 2 根
　　　料酒 1 汤匙 · 鸡精 1/2 茶匙 · 盐 1 茶匙

烹饪秘籍

购买腔骨时，请商贩帮忙
斩好，回家洗净就行；莲
藕切好后要放入清水中浸
泡，以防氧化变黑；也可
将莲藕在清水中多洗几次，洗去多余淀粉，烹
煮出来的莲藕会更加爽口。

做法

1 腔骨洗净，放入锅中，倒入
清水和少许料酒，煮沸后慢慢
撇净浮沫，然后捞出待用。

2 姜洗净后，刮去表皮，然后
切片；大蒜去皮后洗净，在案
板上用刀面拍扁；香葱切去根
须，在流水中冲洗干净后系成
葱结。

3 莲藕在清水中洗净，刮去表
皮，切成大小适中的滚刀块。

4 将腔骨和莲藕全部放入高压
锅中，并倒入没过食材5厘米左
右的清水。

5 然后放入姜片、蒜瓣、葱结，
盖上锅盖开大火煮至开锅上
压，然后转小火炖煮半小时。

6 半小时后关火，待高压锅降
压后，打开锅盖，加入鸡精和
盐调味就可以了。

冬瓜海底椰煲脊骨

⏳ 160 分钟　　🏛 简单

🔵 主料 — 猪脊骨 300 克 ··· 嫩冬瓜 300 克
　　　　干海底椰 40 克

🔵 辅料 — 蜜枣 3 颗 ··· 盐适量

做法

1 猪脊骨要选择肉的颜色呈鲜粉红色、按下去会很快恢复原状、无异味的，注意不要选择肉太多的，让卖家帮忙切成块，在清水中浸泡半小时以去除腥味和血污。

2 嫩冬瓜洗净，用刀切去表皮，可切厚一点，不要带着硬硬的白皮，切好后再次冲洗干净。

3 把冲洗干净的冬瓜放在案板上，切成约2.5厘米见方的块。

4 将海底椰片和蜜枣冲洗干净，泡在一小碗清水中备用。

5 在锅里注入500毫升水，放入脊骨，烧开余水。

6 余好水后，把脊骨捞出，用清水冲去血水，沥干水分备用。

7 将脊骨放在汤锅的底部，把海底椰片和蜜枣连同泡的水倒入汤锅，再倒入适量清水，大火煮开，转小火煲1.5小时。

8 1.5小时后把容易炖烂的嫩冬瓜放入锅里，加盖，小火煮制30分钟，加适量的盐即可。

烹饪秘籍　在使用海底椰片煲汤时，一定要将海底椰片浸泡一小段时间，这样才会使海底椰更好地发挥其功效。

冬瓜肉丸汤

⧖ 20分钟　　🏛 中等

主料—— 冬瓜 250 克　猪肉末 150 克

辅料—— 高汤 600 毫升　生抽 1/2 茶匙
料酒 1 茶匙　淀粉 1 茶匙　鸡蛋清适量
白胡椒粉少许　葱末、姜末各适量
香菜碎适量　香油、盐各少许
鸡精少许

烹饪秘籍

淀粉不宜多放，会影响口感；肉馅中已经有了盐，汤中放盐要谨慎。

做法

1　把剁好的猪肉末放进小碗里，加生抽、姜末、盐、料酒、淀粉和蛋清，顺一个方向搅打均匀。

2　冬瓜洗净去皮，切成3毫米厚的小薄片备用。

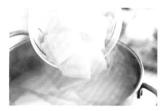

3　锅内加高汤（没有高汤，用清水也可），大火煮沸后，放入切好的冬瓜片煮沸。

4　冬瓜煮沸后，转小火，用汤匙将调好的猪肉馅舀起或用手搓成丸子逐个下锅。

5　待所有的丸子下锅定型后，改大火煮沸2分钟，用汤勺小心撇净汤表面浮沫，关火。

6　汤里调入盐、鸡精和白胡椒粉，并搅拌均匀，盛入汤盆后淋少许香油，依个人口味撒上葱末、香菜末即可。

榨菜肉丝鸡蛋汤

⏳ 15分钟　🏛 简单

🔵 主料 — 榨菜 40 克　猪里脊肉 100 克
　　　　鸡蛋 1 个

🔵 辅料 — 油 2 茶匙　盐 1/2 茶匙　香葱 1 棵

🍳 烹饪秘籍

榨菜切碎一点能够更加
均匀地分布在汤中，让
汤的味道更足。

做法

1 猪里脊肉洗净后控干水，切
成丝；将鸡蛋磕入碗中，用筷
子充分打散；香葱洗净后将葱
白切成小段，将葱叶切成葱花。

2 炒锅中放入油，烧至七成热
后放入葱白段爆炒出香味。

3 放入肉丝煸炒至颜色发白。

4 放入榨菜煸炒片刻。

5 加入约800毫升清水，大火
煮开后淋入鸡蛋液搅匀。

6 加入盐调味，撒上葱花即可
关火。

枸杞叶猪肝汤

 65 分钟　 中等

主料— 猪肝 200 克⋯枸杞叶 200 克

辅料— 生姜 5 克⋯生抽 10 克⋯料酒 5 克⋯香油 5 克
盐适量

做法

1 选择新鲜猪肝，回家用清水冲洗干净，然后切薄片，在清水中浸泡半小时，每10分钟换一次水。

2 半小时后，捞出猪肝，再次冲洗后放在一个大碗里，并加入少量生抽、料酒、香油抓匀后腌制10分钟。

3 烧一锅热水，水沸后，把猪肝倒入沸水中，猪肝颜色一变白就马上捞出，用清水冲洗干净备用。

4 把枸杞叶从枝条上择下来，用清水冲洗干净，捞出沥干水分。

5 生姜洗干净，刮去老皮并切成薄片。

6 取一砂锅，把焯过水的猪肝片放入锅底，上面铺上姜片，然后加入足量水。

7 开大火煮沸，转小火煲20分钟，再将枸杞叶放到锅里，盖上锅盖继续煮3分钟。

8 关火，加入适量盐调味即可。

 烹饪秘籍

选购猪肝时要看猪肝的外表和触摸猪肝，只要颜色紫红均匀、表面有光泽，摸起来感觉有弹性，无水肿、硬块的，就是新鲜正常的猪肝。

胡椒猪肚汤

 200 分钟　　 复杂

主料 — 猪肚 1 个　猪大排 100 克

辅料 — 姜片 5 克　花椒 5 克　白胡椒粉 5 克
淀粉 20 克　盐适量　料酒适量

烹饪秘籍

在这道汤菜中，我们放猪大排是用来提升汤的香味的，如果不喜欢也可以不放。

做法

1　把买回来的猪大排切成块，冲洗干净后在清水中浸泡30分钟，以去掉血污。

2　用清水把新鲜的猪肚内外冲洗一遍，放在大碗中，倒入料酒浸泡10分钟，以去除异味。

3　10分钟后，把猪肚从大碗中取出并用盐把猪肚内外揉搓一遍。

4　再用淀粉反复搓洗，记住正反面都要洗。

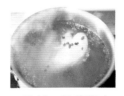

5　熬制一锅花椒水，把洗净的猪肚放在花椒水里焯一下，猪肚的去味就算完成了。

6　再取一个汤锅，放入猪大排，加水没过排骨，大火煮沸，再煮3分钟关火，把猪大排捞出，冲洗干净备用。

7　把白胡椒粉、姜片及排骨全部放入猪肚中，把猪肚放入汤煲，加足水，大火烧开后转小火煲2小时，至汤呈奶白色。

8　用漏勺捞出猪肚，把猪肚内的材料取出后，把猪肚切成条，放入汤煲中再煮15分钟，加盐调味即可。

肉骨茶

⏳ 190 分钟　🏛 中等

主料 — 猪肋排 500 克

辅料 — 大蒜 5 瓣 · 枸杞子 1 把 · 桂皮 1 块
八角 3 颗 · 黑枣 3 颗 · 当归 1 块
玉竹 10 克 · 料酒 1 汤匙
白胡椒粉 1/2 茶匙 · 盐 1 茶匙 · 油少许

烹饪秘籍

煲制肉骨茶时一定要选上好的猪肋排，这样煲出来的肉骨茶才鲜嫩无油腻感；行家都会配上油条蘸着汤来吃，不妨也准备些油条试试。

做法

1 猪肋排洗净，在清水中浸泡30分钟后捞出，再次冲洗干净后斩成3厘米左右的段。

2 将斩好的肋排冷水下锅，加适量料酒，水沸腾后将浮沫撇净，再过约3分钟后捞出。

3 蒜剥皮后洗净；取一炒锅，锅内放少许油烧热，然后放入蒜瓣煎至表面金黄后捞出。

4 将枸杞子、桂皮、八角、黑枣、当归、玉竹在流水中冲去浮土。

5 准备一个汤锅，加入适量清水，放入上一步骤洗净的所有调料和煎制过后的蒜瓣。

6 开大火，煮至锅内沸腾，然后转中小火继续煮半小时，将材料煮出香味。

7 放入刚才焯过水的肋排，开大火煮至开锅，再转小火熬煮2小时。

8 最后根据个人口味加白胡椒粉、盐调味即可。

白萝卜羊肉汤

⏳ 80分钟（不含腌制时间）　🏛 中等

🈺 主料— 羊肉 200 克…白萝卜 150 克

🈴 辅料— 盐 1/2 茶匙…生抽 2 茶匙…料酒 2 茶匙
生姜 15 克…香葱 1 棵

羊肉带有一定的膻味，
用料酒腌制或者在汤中
加一点白酒，可以去除部
分膻味。

做法

1　羊肉洗净后切成1厘米见方的肉丁；白萝卜去皮后洗净，切成2厘米左右的滚刀块。

2　生姜洗净、去皮，切成姜丝；香葱洗净后将葱白切成段，葱叶切成葱花。

3　锅中放入羊肉丁，加入没过食材的凉水，煮开后撇去表面的浮沫，捞出，再次清洗干净。

4　将羊肉丁放入大碗中，加入料酒、生抽、葱白段、姜丝抓匀，腌制30分钟。

5　砂锅中加入约1000毫升清水，大火煮开后，放入白萝卜块、羊肉丁，大火烧开10分钟，转小火煲1小时。

6　最后加入盐和葱花，搅匀后即可关火。

清炖羊肉汤

 90 分钟　　中等

主料 — 羊肉 500 克　白萝卜 300 克

辅料 — 生姜 10 克　大葱 15 克　香葱 2 根
料酒 1 汤匙　鸡精 1 茶匙　盐 2 茶匙
油少许

烹饪秘籍

对羊肉膻味特别敏感的，可以再加些许花椒和
干辣椒段入汤煲中，但因为是清炖汤，所以也
不宜太多，以免盖过清汤的鲜美。

做法

1　将羊肉洗净后切成
小方块，在清水中浸
泡30分钟，去除血污。

2　将浸泡后的羊肉块
捞出，放入锅中焯3分
钟后捞出，冲去浮沫
待用。

3　白萝卜洗净后，刮
去表皮，再次冲洗干
净后，切成厚约5毫米
的片待用。

4　姜洗净切薄片；大葱
洗净切长约3厘米的段；
香葱洗净后切葱粒。

5　将羊肉块、姜片、大
葱段放入汤煲中，加
入适量清水。

6　倒入料酒和少许油，
开大火，煮至沸腾后转
中小火，炖煮40分钟。

7　40分钟后，放入切
好的白萝卜片，继续炖
煮至萝卜熟透，关火。

8　最后加鸡精和盐调
味，撒上葱粒即可。

高丽参炖鸡

 150 分钟　　🏛 中等

主料 — 老母鸡 1 只

辅料 — 高丽参 20 克··干香菇 15 克··糯米 40 克
红枣 3 颗··枸杞子 10 克··老姜 5 克
盐适量

烹饪秘箱

在鸡的腹腔内放入糯米和红枣是为了让整鸡在煲制时不容易变形，而且，糯米会吸收鸡的油分，使糯米变得更油润，而鸡也因为糯米吸油的缘故变得更加清香。

做法

1　将老母鸡在清水中冲洗一下，切掉头部、鸡爪和鸡屁股，在清水中浸泡30分钟。

2　高丽参快速水洗，提前在热水中浸泡一宿，第二天变软后取出，泡参的水不要倒掉。

3　干香菇在清水中冲洗干净，尤其是伞菌褶皱处，浸泡在清水中，待柔软后取出，香菇汁留盆中备用。

4　糯米提前洗净，浸泡一夜；姜洗净后刮去老皮，切成薄片备用。

5　汤锅内装满清水，将洗净的整鸡放入锅中，小火慢慢加热，待水沸腾后盖上盖子，焖3~5分钟，捞出备用。

6　将糯米、红枣、姜片从腹腔塞入，八成满即可，用牙签把翅膀固定在鸡身上。

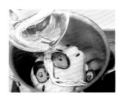

7　向汤锅内倒入泡过高丽参和香菇的水，再加入适量清水，放入整鸡、泡发好的香菇、高丽参、枸杞子，开大火。

8　大火烧开后，用勺子不断撇去浮沫，改小火煲1.5小时，关火后加适量盐调味即可。

酸萝卜老鸭汤

 160 分钟　🏛 简单

主料 — 老鸭 1 只（约 600 克）· 酸萝卜 300 克

辅料 — 老姜 5 克 · 盐适量

烹饪
秘籍

在加盐之前，可以先盛一点汤尝一下咸淡，再根据情况放盐，因为酸萝卜本来就有咸味，一不小心就容易把汤做得太咸了。

做法

1 将老鸭冲洗干净，剁成大块，然后在清水中浸泡30分钟，以泡除血污和浮油。

2 酸萝卜不用去皮，直接切成大块，切好后放在一旁备用。

3 老姜洗净后，用刮刀刮去老皮，切成大块后，用刀拍扁，这样在煲汤时更容易出味。

4 把切好的鸭块捞出，再次冲洗干净后和老姜一同放入砂锅内，向锅内加入足量的水，开大火。

5 水煮沸后，转中火，用勺子捞干净浮沫。

6 盖上锅盖，转小火，煲1小时。

7 1小时后，打开锅盖，捞干净表面的浮油，然后放入酸萝卜块。

8 盖上锅盖，继续煲1小时后关火，再加适量盐调味即可。

鸭架汤

 120 分钟　　血 简单

主料 — 鸭架 1 具

辅料 — 生姜 5 克…盐适量

 烹饪秘籍

加水一定要一次性加足，不可以在中途加水，否则会破坏靓汤浓厚的香味。

做法

1 把鸭架（吃烤鸭剩下的）上的内脏、血块等脏东西去掉，然后切成大块。

2 把姜洗干净，刮去表皮，切成2毫米厚的片。

3 把鸭架和姜片放入砂锅内，然后加入足量的清水，开大火。

4 水沸腾后，转中火，用勺子撇净表面的浮沫。

5 盖上锅盖，转小火，煲制20分钟。

6 20分钟后，打开锅盖，用勺子撇去表面的浮油。

7 盖上锅盖，用小火继续煲1小时。

8 1小时后，关火，加入适量盐调味就可以了。

酸菜鸭脚汤

 90 分钟　 中等

主料— 鸭脚 400 克·酸菜 200 克

辅料— 生姜 10 克·大蒜 3 瓣·香葱 3 根
料酒 2 茶匙·老抽 1 汤匙·鸡精 1 茶匙
盐 1 茶匙·油少许

烹饪秘籍

鸭趾甲很脏，所以一定
要剪去；而且减掉趾甲
后口感也会更好哦。

做法

1 鸭脚剪去趾甲，仔
细清洗干净待用。

2 酸菜用清水浸泡约
10分钟，然后用流水
清洗干净，挤去多余
水分并切细丝待用。

3 生姜洗净切片；大
蒜剥皮洗净待用；香
葱去根须洗净挽葱结。

4 锅中加入适量清水
烧开，放入洗好的鸭
脚焯3分钟左右捞出，
冲去浮沫待用。

5 准备汤煲，将焯好
水的鸭脚放入煲中，
并放入姜片、蒜瓣、
葱结。

6 往汤煲中加满清水，
并倒入少许油、料酒、
老抽搅拌均匀；开大
火煮至开锅。

7 转中小火慢炖约1
小时；1小时后放入切
好的酸菜，继续炖煮，
直至鸭脚软烂。

8 最后加入鸡精和盐
调味后即可关火。

141

酸辣汤

⏳ 15 分钟　🍽 中等

主料— 猪里脊肉 100 克⋯笋片 50 克
嫩豆腐 50 克⋯干木耳 5 克
干香菇 3 朵⋯鸡蛋 1 个

辅料— 香菜 15 克⋯鸡汁 1 汤匙⋯料酒 2 茶匙
酱油 2 汤匙⋯米醋 3 茶匙⋯白胡椒粉
1/2 茶匙⋯水淀粉适量⋯香油少许
盐 1/2 茶匙⋯油 2 汤匙

烹饪秘籍

注意淋蛋液的时候，汤要一直保持微滚或者滚沸，这样才能做出漂亮的蛋花；此外水淀粉的用量以汤汁略变得浓厚一些就可以，不必做成羹一样的稠度。

做法

1　木耳、干香菇分别用温水泡发洗净，切丝；猪肉、笋片分别洗净切丝；香菜洗净切碎备用。

2　锅中放油烧至四成热，下入猪肉丝滑散，用料酒烹香后盛出。

3　另起一锅，锅中加入清水煮沸，放入鸡汁、豆腐、香菇、木耳、笋片丝、肉丝，煮沸后改小火。

4　调入酱油、料酒、盐、白胡椒粉调味，然后用水淀粉勾芡。

5　在汤微沸状态时，将鸡蛋打散成蛋液，然后用装着蛋液的碗在汤锅上方，一边画圈一边徐徐淋下蛋液。

6　最后加入醋拌匀，淋入香油，依个人口味撒入香菜即可。

紫菜鱼丸汤

⏳ 15 分钟　🏛 简单

主料—— 紫菜 5 克　鱼丸 150 克　菠菜 1 棵
　　　　胡萝卜 20 克

辅料—— 油 2 茶匙　盐 1/2 茶匙　胡椒粉少许
　　　　香葱 1 棵

烹饪秘籍

鱼丸可以自制也可以购买成品，如果觉得鱼丸有点腥味，可以在汤中加一点姜丝或者料酒去腥。

做法

1 菠菜去掉根部，掰下叶子，清洗干净；胡萝卜洗净，去皮后切成丝；香葱洗净后切成葱花。

2 锅内备冷水，水烧开后放入洗净的菠菜，烫至菠菜变色、变软。

3 将菠菜捞出后过凉开水，沥干，切成小段备用。

4 炒锅中放入油，烧至七成热后放入一半葱花爆炒出香味。

5 加入约800毫升清水，大火煮开后放入鱼丸煮熟。

6 放入紫菜，加入盐调味，搅拌均匀。

7 放入菠菜和胡萝卜，继续煮半分钟左右。

8 加入胡椒粉拌匀，出锅前撒上剩余葱花即可。

银丝鲈鱼汤

⏳ 70 分钟　🏛 简单

主料— 鲈鱼 500 克⋯白萝卜 150 克

辅料— 姜丝 5 克⋯葱段 5 克⋯料酒 1 汤匙
白胡椒粉 2 克⋯香菜 2 克⋯盐 2 克

烹饪秘籍

白萝卜比较耐储存，但如
果保存不当，会脱水变糠。
将买回来的白萝卜放在通
风处晾一晚，待表皮略微

起皱后再将其装入密封袋保存，就可以有效防
止白萝卜脱水了。

做法

1　鲈鱼洗净后控干水
分，用锋利的刀将鱼
肉片下来。

2　将鱼肉片放入大碗
内，加入料酒、白胡
椒粉，用手抓匀后腌
制15分钟。

3　白萝卜洗净、去皮，
切成细丝；香菜洗净，
去根后切碎待用。

4　锅内加入1升清水，
放入姜丝、葱段，大
火煮开。

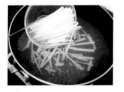

5　调成小火，下入白
萝卜丝，再次煮开后
继续煮5分钟。

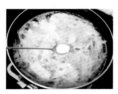

6　慢慢下入腌好的鲈
鱼片，待鱼肉变色后
再轻轻搅拌，煮10分
钟后加盐拌匀。

7　盛出后撒上香菜碎
点缀即可。

豆腐鲫鱼汤

⏳ 75 分钟　🏛 简单

主料 — 鲫鱼 200 克　北豆腐 100 克

辅料 — 葱段 5 克　姜片 5 克　葱花 2 克
　　　　 植物油 1 汤匙　白胡椒粉 1 克　盐 1 克

烹饪秘籍

在煎鲫鱼的时候不要频繁翻动，以免弄破鱼皮，影响美观。尽量使用不粘锅，如果只有普通的铁锅，可以在煎鱼前用生姜块将锅内侧均匀擦一遍，也可以防粘。

做法

1　鲫鱼去鳞、去内脏，洗净后沥干水分，用刀在两侧鱼肉上斜切四五刀。

2　北豆腐切成大块待用。

3　不粘锅内放入植物油，烧至五成热时放入鲫鱼，将两面煎至微黄后捞出，用厨房纸吸去多余油脂。

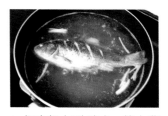

4　锅内加入1升清水，放入葱段、姜片、煎好的鲫鱼，大火煮开。

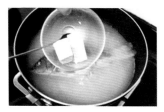

5　调成小火，保持沸腾状态煮30分钟，下入豆腐块，继续煮10分钟。

6　加入盐、白胡椒粉并搅拌均匀，盛出后撒入葱花点缀即可。

香菇鳕鱼汤

 25分钟　　🏛 简单

主料— 鳕鱼150克···鲜香菇60克

辅料— 生姜3克···小葱1根···盐1克

烹饪秘籍

1 做这道汤时，可以挑选个头小一些的香菇，直径在三四厘米的即可，小香菇无须切开便可以入汤，整朵的小香菇会让汤品更好看。

2 将鳕鱼块下入锅中时，一定要沿着锅边慢慢将鳕鱼块滑入锅中，不要直接丢入沸水中央，以免汤水溅起引起烫伤。

做法

1 鳕鱼提前解冻，洗净，沥干水分后切成大块。

2 鲜香菇洗净，去根后，将大朵的切成块。

3 姜切丝，小葱切成葱花待用。

4 锅内加入800毫升水，放入姜丝和香菇，小火慢慢煮开。

5 将鳕鱼块下入锅中，再次煮开后加入盐拌匀，出锅前撒入葱花即可。

银鱼海带汤

⏳ 25 分钟　🏛 简单

主料 — 银鱼 30 克 · 海带 50 克
白豆腐干 30 克

辅料 — 姜丝 2 克 · 盐 1 克 · 香油 1 茶匙

🍳 烹饪秘籍

市面上出售的银鱼一般分为银鱼干和冰鲜银鱼两种，从操作的便捷性上看，冰鲜银鱼只需解冻清  洗即可，不需要泡发，食用起来更为方便。挑选时要选择颜色洁白，通体透明，体长 2.5～4 厘米的为宜。

做法

1 银鱼提前解冻后洗净，沥干水分。

2 海带提前泡发后洗净，切成细丝；白豆腐干洗净后切条待用。

3 锅内加入 700 毫升水，加入银鱼、海带和白豆腐干，中火煮开。

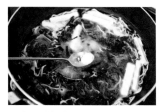

4 加入姜丝，继续煮 5 分钟后关火，调入盐。

5 出锅后淋入香油即可。

三文鱼清汤

⏳ 50 分钟 ⛏ 简单

主料 — 三文鱼 200 克

辅料 — 葱段 15 克·香芹叶 2 克·盐 2 克
油 1 汤匙

切过鱼肉的刀刃上会沾上鱼腥味，并不易洗掉，可以用生姜片擦拭刀刃后再清洗，鱼腥味就比较容易去除了。

做法

1　三文鱼提前解冻，洗净后切成大块；香芹叶洗净后切碎待用。

2　不粘锅内倒入植物油，烧至五成热，放入三文鱼块，煎至两面微黄后盛出，用厨房纸吸去多余的油脂。

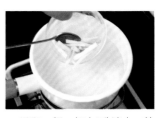

3　另取一锅，加入1升清水，放入葱段，大火煮开。

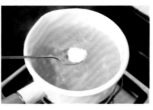

4　放入煎好的三文鱼，调成小火，继续煮20分钟。

5　加入盐并拌匀，盛出后撒上香芹叶碎点缀即可。

时蔬海鲜汤

⌛ 40 分钟　🏛 简单

主料 — 虾仁 30 克　北豆腐 50 克
　　　金针菇 20 克　豌豆苗 20 克
　　　鲜香菇 20 克

辅料 — 生姜 2 克　大蒜 5 克　油 2 茶匙
　　　盐 1 克　白胡椒粉 2 克

烹饪秘籍

市售的虾仁一般都是冷冻
虾仁，且都有比较厚的冰
衣，解冻虾仁时应把虾仁
全部浸泡在冷水中，也可
以提前从冷冻室取出，放入冷藏室自然解冻。

做法

1 虾仁解冻后洗净并剔除虾线、豆腐洗净后切成2厘米左右的小块。

2 金针菇去根，洗净后撕成小绺；香菇洗净后切成薄片；豌豆苗洗净后沥干水分待用。

3 姜去皮，洗净后切成末；蒜去皮，洗净后切成末。

4 锅内加植物油，烧至五成热，下入姜末和蒜末爆香，下入香菇片，炒至变软。

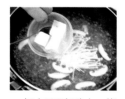

5 加入700毫升水，烧开后依次下入金针菇和北豆腐。

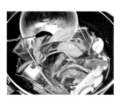

6 调小火，煮5分钟后下入豌豆苗。

7 再次煮开后下入虾仁，煮1分钟后关火，调入盐和白胡椒粉拌匀即可。

鲜虾豆腐汤

⏳ 20 分钟（不含腌制时间）　　🏛 简单

主料 — 鲜虾 150 克···豆腐 100 克

辅料 — 菠菜 1 棵···火腿肠 80 克···油 2 茶匙···盐 1/2 茶匙
料酒 1 汤匙···胡椒粉少许···生姜 10 克···香葱 1 棵
大蒜 10 克

做法

1 豆腐洗净后切成1厘米见方的块；将菠菜根部去掉，掰下叶子，用清水清洗干净；火腿肠切丁；香葱洗净后切葱花；生姜洗净、去皮，切成姜丝；大蒜去皮后洗净，切片。

2 鲜虾洗净后去头、去壳，在背部划开一刀，用牙签挑出虾线。

3 将虾仁放在容器中，加入姜丝、蒜片、料酒、胡椒粉，用手抓匀后腌制20分钟。

4 锅内备冷水，将水烧开后放入洗净的菠菜，烫至菠菜变色、变软。

5 将菠菜捞出后过凉开水，沥干，切成小段备用。

6 炒锅中放入油，烧至七成热后放入火腿肠和一半葱花爆炒出香味。

7 加入约1000毫升清水，大火煮开后，放入豆腐和虾仁炖煮约3分钟。

8 加入盐调味，出锅前放入菠菜，撒上剩余葱花即可关火。

烹饪秘籍　汤中可以加一点水淀粉，这样的汤汁会更加浓郁一些。

烹饪秘籍

用盐水浸泡蛏子时，中途要换水两三次，也可以在盐水中加入少量的香油，有助于蛏子吐净沙子。

蛏子粉丝汤

⏳ 2 小时 40 分钟　　🏛 简单

主料—蛏子 200 克…泡发粉丝 50 克

辅料—姜片 5 克…葱段 5 克…盐 2 克
白胡椒粉 1 克…淡盐水适量

做法

1　蛏子放入淡盐水中浸泡2小时，吐沙后洗净。
2　粉丝提前泡发后切成15厘米左右的段。
3　锅内加1升清水，放入姜片和葱段，大火煮开。
4　下入蛏子，调小火，继续煮15分钟。
5　下入粉丝段，再煮5分钟，加入盐、白胡椒粉并拌匀即可。

菌菇蛤蜊汤

⏳ 35 分钟　　🏛 简单

主料—蛤蜊 250 克…鲜香菇 30 克
金针菇 20 克

辅料—大蒜 5 克…葱 5 克…盐 2 克
白胡椒粉 1 克

做法

1　蛤蜊提前放入足量的水中，加入1克盐，浸泡2小时后捞出洗净，沥干水分。
2　鲜香菇洗净后切片，金针菇洗净后切成两段，蒜剥皮后切片，葱洗净后切小段。
3　锅内加入800毫升水，放入蛤蜊及蒜片、葱段，大火煮开。
4　调成小火，下入香菇及金针菇，继续煮5分钟，调入盐和白胡椒粉并拌匀即可。

烹饪秘籍

在挑选鲜活蛤蜊时，要尽量选择有触角伸出的。市场上出售的鲜活蛤蜊通常沙子已经吐差不多了，在烹饪前稍微浸泡一下并刷洗干净外壳即可。

酸辣海参汤

⏳ 60 分钟　　🏠 简单

主料 — 泡发海参 100 克　鲜香菇 50 克
　　　　泡发木耳 50 克　冬笋 50 克

辅料 — 辣椒酱 1 汤匙　陈醋 1 汤匙
　　　　白胡椒粉 2 克　玉米淀粉 10 克
　　　　姜丝 2 克　盐 2 克　油 2 茶匙
　　　　葱花 2 克

烹饪秘籍

在泡发海参时要使用冰水，并确保泡发的容器是干净无油的，可以提前一晚将海参放在足量的水中，封上保鲜膜后放入冰箱冷藏保存，并确保每12小时换水一次，这样才能保证海参泡发充分。

做法

1　海参洗净后切片；香菇洗净后切片；木耳去根，洗净后切细丝。

2　冬笋去皮后切成细丝，放入沸水中，焯水30秒后捞出，沥干水分待用。

3　另取一锅，加入植物油，烧至五成热时下入姜丝，炒出香味。

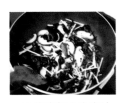

4　再依次加入海参片、香菇片、木耳丝和冬笋丝，翻炒2分钟至香菇变软。

5　加入900毫升清水，大火烧开后调成小火，继续煮20分钟。

6　下入辣椒酱、陈醋，玉米淀粉中加入1汤匙水，调成均匀的水淀粉，绕着圈缓慢倒入锅中，边倒边搅拌。

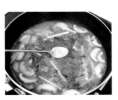

7　往锅中调入白胡椒粉和盐，拌匀。

8　出锅后撒入葱花即可。

烹饪秘籍

在选购白玉菇时要挑选菌柄短小、粗细均匀，能直立起来的，这样的白玉菇比较新鲜，味道鲜美，购买回来后要放入冰箱冷藏保存，并尽快食用。

白玉菇菠菜汤

⏳ 20分钟　　🍴 简单

主料— 白玉菇 50 克⋯菠菜 60 克

辅料— 姜丝 2 克⋯盐 1 克⋯油 2 茶匙

做法

1 白玉菇洗净、去根，一根根掰开。
2 菠菜洗净、去根，沥干水分后切成两段。
3 锅里加入植物油，烧至五成热时下入姜丝炒出香味。
4 下入白玉菇翻炒至软后加入700毫升水，烧开后调成小火再煮2分钟。
5 下入菠菜段，再次煮开后关火，加盐拌匀即可。

海鲜冬阴功汤

⏳ 50分钟　　🍴 简单

主料— 虾 300 克⋯蛤蜊 500 克⋯草菇 200 克
小番茄 100 克⋯青柠檬汁 10 毫升

辅料— 冬阴功汤料包 1 袋⋯椰浆 100 毫升
鱼露 1 汤匙

做法

1 洋葱洗净、切丝，小番茄洗净、切半，草菇洗净、切半。
2 蛤蜊洗净，虾去须，剔除泥肠后洗净。
3 锅中放入1000毫升水，放入冬阴功汤料包煮开。
4 煮开后放入虾、蛤蜊、草菇和小番茄。
5 烧开后倒入椰浆和鱼露调味，最后挤入青柠檬汁即可。

烹饪秘籍

各品牌的冬阴功汤料包配料会略有不同，如果已包含椰浆粉的，可以不用再添加椰浆。喜欢辣味的可以自行添加辣椒粉。

丝瓜鸡蛋海米汤

⏱ 15分钟　　🏛 简单

🔴 主料— 丝瓜 250 克 · 鸡蛋 1 个 · 干海米 10 克

🔵 辅料— 油 2 茶匙 · 盐 1/2 茶匙 · 香葱 1 棵
　　　　生姜 10 克

烹饪秘籍

丝瓜煸炒之后比较容易变软，所以尽量不要切成很薄的片状，以免影响汤的品相。

做法

1 干海米洗净，提前在清水中浸泡1小时。

2 丝瓜洗净、去皮，切成滚刀块；将鸡蛋磕入碗中，用筷子充分打散；香葱洗净、切成葱花；生姜洗净、去皮后切成姜末。

3 炒锅中放入油，烧至七成热后放入姜末和一半葱花爆炒出香味。

4 放入丝瓜块煸炒至变软。

5 锅中加入约800毫升清水，大火煮开后放入海米煮软，将蛋液淋入。

6 加入盐调味，撒上剩余葱花即可关火。

茼蒿鸡蛋汤

 15分钟　简单

主料— 茼蒿 100 克·鸡蛋 1 个

辅料— 油 2 茶匙·盐 1/2 茶匙·大葱 1 段

 烹饪秘籍

鸡蛋能够增添汤的鲜美味道，就不需要再额外加鸡精了。如果想要汤更香一些，可以在最后滴几滴香油。

做法

1 茼蒿洗净，切掉底部的部分老根；将鸡蛋磕入碗中，用筷子充分打散；大葱洗净后切成葱花。

2 锅中加入清水，煮至沸腾后将茼蒿放入，焯烫至茼蒿变色、变软。

3 将茼蒿捞出，控干水，切碎。

4 炒锅中放入油，烧至七成热后放入葱花，爆炒出香味。

5 加入约800毫升清水，大火煮开后放入茼蒿碎和盐，搅拌均匀。

6 将蛋液淋入，再次煮开后即可关火。

番茄蟹味菇汤

⏳ 20 分钟　🏛 中等

主料 — 番茄 1 个　蟹味菇 100 克

辅料 — 油 2 茶匙　盐 1/2 茶匙　番茄酱 2 汤匙
　　　　香葱 1 棵

烹饪秘籍

将番茄去皮，煮出来的汤不
仅好看也更好喝。番茄块尽
量炒得软一些，更能够融合
在汤里，味道会更好。

做法

1 番茄洗净后在顶部切十字花，
淋热水，剥去皮后切成小块。

2 将蟹味菇根部切掉，洗净后
控干水；香葱洗净后将葱白切
成段，葱叶切成葱花。

3 炒锅中放入油，烧至七成热
后放入葱白段爆炒出香味。

4 放入番茄块和番茄酱，充分
煸炒至番茄块基本变软。

5 加入约1000毫升清水，大火
煮开后放入蟹味菇煮约10分钟。

6 加入盐调味，出锅前撒上葱
花即可关火。

辣白菜鲜虾豆腐汤

⏳ 15分钟　🏛 简单

主料— 辣白菜 150 克…豆腐 150 克
鲜虾 150 克…猪五花肉 80 克

辅料— 盐 1/2 茶匙…香葱 1 棵…油适量

烹饪秘籍

汤中除了鲜虾，还可以加入鱿鱼须、牡蛎等食材，味道会更加鲜美。

做法

1 辣白菜切小块，带汤汁放入大碗中；五花肉洗净，切成片；豆腐切成1.5厘米见方的小块；鲜虾洗净后去头、去壳，挑出虾线；香葱洗净后留葱叶，切成葱花。

2 炒锅中放油，烧至七成热后放入五花肉片，煸炒至变色。

3 放入辣白菜煸炒片刻。

4 倒入约1升清水，大火煮开后放入豆腐，转小火煮约5分钟。

5 放入鲜虾，加入盐调味，煮2分钟左右至食材熟透。

6 最后撒上葱花即可关火。

韩式辣酱素汤

 15 分钟　 简单

主料— 豆腐 150 克　胡萝卜 50 克　土豆 50 克
娃娃菜 100 克　金针菇 100 克

辅料— 盐 1/2 茶匙　韩式辣酱 20 克　香葱 1 棵
蒜末 10 克　油适量

烹饪秘籍

汤中的食材可以根据自己的喜好进行调整，如果将娃娃菜替换成为辣白菜，汤的味道会更加浓郁。

做法

1 豆腐切成1.5厘米见方的小块；胡萝卜和土豆洗净、去皮，切成1.5厘米左右的滚刀块。

2 金针菇切掉根部，撕开并洗净；娃娃菜洗净后控干水，用手撕成小块；香葱洗净后将葱白切成段，将葱叶切成葱花。

3 炒锅中放油，烧至七成热后放入葱白段和蒜末煸炒至出香味。

4 放入韩式辣酱和1000毫升左右的清水，大火煮开后放入金针菇、豆腐，转小火煮5分钟左右。

5 放入土豆、胡萝卜和娃娃菜，加盐调味，煮3分钟左右至食材熟透。

6 最后撒上葱花即可关火。

咖喱彩蔬汤

 30 分钟　简单

主料—— 胡萝卜 80 克　土豆 80 克
西蓝花 80 克　红彩椒 80 克
鲜香菇 3 朵

辅料—— 油 1 汤匙　咖喱块 100 克　盐少许

咖喱块也可以用咖喱粉替代，具体的用量要根据不同品牌的说明进行调整。

做法

1 胡萝卜洗净，去皮后切成丁；土豆洗净，去皮后切成丁；西蓝花去掉粗茎，掰成尽量小的朵，清洗干净；红彩椒洗净后去掉内部的子，掰成小块；鲜香菇洗净、去蒂，切成丁。

2 锅中加入清水和少许油、盐，煮至沸腾后将西蓝花和香菇丁放入，焯熟后过凉开水，捞出，控干水。

3 炒锅中放油，烧至七成热后放入土豆和胡萝卜煸炒片刻。

4 放入咖喱块和香菇，倒入没过食材的清水。

5 大火煮至汤汁浓稠、食材熟透。

6 加入西蓝花和红彩椒，翻拌均匀即可关火。

咸蛋黄豆腐煲

 25 分钟　 简单

主料— 咸鸭蛋黄 4 个　豆腐 300 克

辅料— 油 1 汤匙　盐 2 克　香葱 1 棵
胡萝卜 60 克　干木耳 5 克

烹饪秘籍

胡萝卜已经焯烫过，因此煮的时间不宜过久，否则会太软而影响口感。

做法

1　咸蛋黄蒸熟后压碎；豆腐切成2厘米见方的块；胡萝卜洗净、去皮，切成1厘米见方的丁；干木耳提前用温水泡发2小时左右，洗净并撕成小朵；香葱洗净后将葱叶切成葱花。

2　锅中备水，烧开后放入豆腐块和胡萝卜焯烫约1分钟，捞出控干水。

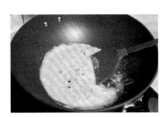

3　炒锅中放油，烧至七成热后放入咸蛋黄，炒至出油。

4　加入500毫升左右的清水，大火煮开后，放入豆腐、木耳，转小火炖煮约10分钟。

5　加入盐调味，放入胡萝卜继续煮至胡萝卜熟透。

6　出锅前撒上葱花即可关火。

豆腐味噌汤

 20 分钟　　簡　简单

主料 — 嫩豆腐 300 克···裙带菜 15 克

辅料 — 味噌 2 汤匙···葱花 10 克

烹饪
秘籍

1 味噌质地浓稠，需要提前化开后再下锅，在出锅前放入可以最大限度地保持鲜美。

2 这道菜由于味噌自带咸味，可以不用加盐，如果喜欢其他食材，还可以增加鱼干、菌类或是其他蔬菜。

3 裙带菜不用提前泡发，一下锅煮就变软，如果买不到，可以用海带代替。

做法

1 豆腐去掉包装，倒扣在砧板上，切成均匀的小方块。

2 味噌放在小碗中，用少量温水化开。

3 锅中放水，加入豆腐和裙带菜煮至沸腾。

4 放入化开的味噌，煮开后放入葱花即可。

5

酱料小菜

佐餐伴侣，浓缩风味

鱼香酱

⏳ 5分钟　🏛 简单

🥢 用料 — 豆瓣酱2茶匙…干辣椒5个…油适量
蒜末50克…姜末20克…白醋1汤匙…白糖2汤匙

在炒酱时，一定要全程小火，以免炒煳。

做法

1 将豆瓣酱和干辣椒放入料理机打碎备用。

2 炒锅加热，倒入食用油，小火炒香蒜末和姜末。

3 加入打碎的豆瓣酱和干辣椒，炒出红油。

4 加入白醋、白糖和适量水，炒至酱汁浓稠即可关火。

糖醋酱

⏳ 5分钟　🍴 简单

用料— 洋葱50克…大蒜20克…白醋2汤匙…番茄酱2汤匙
白糖1汤匙…盐1茶匙

烹饪秘籍

因为用料中含糖较多，在熬制酱料的时候，一定要全程小火，并且不断搅拌，以免煳锅。

做法

1 洋葱去皮、切丝；大蒜去皮、切片。

2 汤锅烧开水，放入洋葱和大蒜，小火煮5分钟。

3 煮好后将洋葱和大蒜捞出，只留下汤汁。

将白醋、番茄酱、白糖和盐加入汤汁中，煮至汤汁黏稠即可。

肉臊酱

⏳ 5分钟　🏛 简单

用料 — 猪五花肉末 150 克…小葱 10 克
大蒜 10 瓣…生姜 20 克…郫县豆瓣酱 2 汤匙
酱油 2 汤匙…白糖 1 汤匙…米酒 50 克
油适量

做法

1 小葱洗净、切末；蒜去皮、切末；姜洗净、去皮、切末。

2 锅烧热，加入少许油，放入葱花、蒜末、姜末炒香。

3 加入郫县豆瓣酱，小火炒出红油。

4 加入五花肉末，翻炒均匀。倒入米酒、白糖和酱油翻炒均匀，至五花肉臊全熟即可。

5 如果一次做的量比较多，可以分装好放入冰箱冷冻保存，食用前拿出来蒸透即可。

炸肉酱

⏳ 5分钟　🏛 简单

用料 — 猪五花肉末 150 克…豆瓣酱 3 汤匙
甜面酱 1 茶匙…酱油 1 茶匙…米酒 50 克
油适量

做法

1 将豆瓣酱和甜面酱混合在一起，搅拌均匀。

2 锅烧热，倒油，放入五花肉末炒散，加入米酒。

3 倒入混合好的两种酱，小火翻炒均匀。

4 倒入适量清水，加入酱油，小火煮10分钟，至酱浓稠即可。

炸酱的过程要全程小火并不停翻炒，才能保证不会煳锅底。酱炸到表面有油渗出，就可以关火了。

京酱

⧗ 3分钟　⊞ 简单

用料— 甜面酱2汤匙…番茄酱1汤匙
　　　白糖2茶匙…淀粉1茶匙…米酒1茶匙

⇨ 京酱肉丝见 P91

⇨ 京酱肉丝见 P91

做法

将用料中所有的材料
混合均匀即可。

烹饪秘籍

可以依据自己的口味调节甜
咸度。如果喜欢颜色重的，
可以加一些老抽。

韩式辣酱

 5分钟　　简单

用料— 韩式辣酱2汤匙…雪碧1汤匙
生抽1茶匙…白糖1茶匙

做法

取一个大碗，依次放入上述调料，搅拌均匀即可。

⋯⋯⋯⋯⋯⋯⋯⋯ 烹饪秘籍 ⋯⋯⋯⋯⋯⋯⋯⋯

如果用来做拌饭酱汁，可以按照自己喜好的稀稠
程度来调整，如果喜欢稀的就多加点雪碧。

辣豆瓣酱

 5分钟　　简单

用料— 郫县豆瓣酱6汤匙…辣椒酱1汤匙
酱油1汤匙…料酒1汤匙…白糖1茶匙
陈醋2茶匙

做法

将用料中的所有材料倒入大碗中，搅拌均匀即可。

⋯⋯⋯⋯⋯⋯⋯⋯ 烹饪秘籍 ⋯⋯⋯⋯⋯⋯⋯⋯

这款是基础豆瓣酱，根据这样的制作方法，添加
不同的材料，可以制作出不同口味的辣味酱来。

五味酱

 5分钟　 简单

用料— 生姜 10 克…大蒜 5 瓣…红辣椒 1 个
香菜 2 根…酱油 1 汤匙…米酒 1 汤匙
番茄酱 2 汤匙…白糖 1 茶匙
香油 1 茶匙

⇒ 五味小章鱼见 P119

做法

1　生姜洗净、切末；大蒜去皮、切末；红辣椒切
末；香菜切末。
2　取一个大碗，放入姜末、蒜末、香菜末和辣
椒碎，加入其余调料，搅拌均匀即可。

烹饪
秘籍

五种味道的配比，也可以按照自己喜欢的来，调
出属于自己口味的五味酱。

小葱肉酱

 5分钟　 中等

用料— 小葱 10 根…猪肉末 150 克…大蒜 5 瓣
酱油 3 汤匙…料酒 2 汤匙
五香粉 1 茶匙…油适量

做法

1　小葱洗净、去根，切末。大蒜剥皮、捣碎。
2　锅烧热倒油，放入肉末下锅煸炒。炒香后加入
葱末和蒜末。
3　加入料酒、酱油、五香粉和适量水炒匀即可。

烹饪
秘籍

在炒酱的过程中，全程小火，
并且不停翻炒，才能保证酱不
会煳锅底。

港式 XO 酱

🕐 15 分钟　　🏛 中等

 用料 — 干贝 150 克…虾米 150 克
　　　　朝天椒 150 克…大蒜 5 瓣…蚝油 2 茶匙
　　　　米酒 200 克…食用油适量

➡ XO 酱炒牛肉见 P98

・・・・・・・ 🍴 烹饪
　　　　　　 秘籍 ・・・・・・・

做好的XO酱可以选择放置几天，等食材融合后味道更好。

做法

1 将干贝和虾米分别用米酒浸泡一夜。

2 泡好的干贝沥干水分，剥丝。

3 朝天椒洗净，切成1厘米长的段。

4 大蒜去皮、切末。

5 炒锅烧热倒油，放入干贝丝炒成金黄色，下入虾米翻炒。

6 继续加入蒜末和朝天椒翻炒。

7 倒入蚝油一起拌炒均匀即可。

黑椒酱

 15 分钟　 中等

用料— 粗黑胡椒粉 100 克…芹菜 30 克…蒜 2 瓣
洋葱 100 克…陈醋 50 克…蚝油 100 克
白糖 100 克…食用油适量

⇨ 黑椒牛柳见 P99

 烹饪秘籍

黑胡椒的分量可以根据自己喜好的程度放。蚝油
提鲜，也可以按照自己的口味放。记得做好后要
放冰箱冷藏保存。

做法

1 芹菜洗净、切小块；蒜去
皮、切片；洋葱去皮、切末。

2 将芹菜、蒜和洋葱放入料理
机打碎。

3 炒锅加热，放入油，倒入
用料理机打好的材料，小火炒
3分钟。

4 加入粗黑胡椒粉翻炒均匀。

5 倒入陈醋、蚝油和白糖搅拌
均匀即可。

照烧酱

⏳ 15分钟　🏛 中等

用料— 白醋 200 克…番茄酱 200 克
陈醋 200 克…白糖 400 克…盐 10 克
洋葱 50 克…蒜 20 克

在熬制酱料的时候，一定要
全程小火，并且不断搅拌，
以免煳锅。

做法

1 洋葱去皮、洗净、
切丝；蒜去皮、切片。

2 锅中烧开水，放入
洋葱和蒜，盖上锅盖，
小火煮5分钟。

3 捞出洋葱和蒜，只
保留100克汤汁。

4 将煮好的汤汁加入
白醋、番茄酱、陈醋、
白糖和盐，小火煮至
汤汁浓稠即可。

番茄意面酱

 15 分钟　　中等

用料 — 番茄 1 个…洋葱半个…大蒜 5 瓣
番茄酱 2 汤匙…黑胡椒粉 1 茶匙
黄油适量

烹饪秘籍

在炒制意面酱时，最好使
用黄油，酱料香浓的味道
全靠它。

做法

1 番茄洗净，在顶部
划成十字刀。

2 锅中烧开水，放入番
茄烫15秒，捞起去皮。

3 番茄切小块。

4 洋葱去皮、切丁；
大蒜去皮、切末。

5 炒锅烧热，放入黄
油化开，放入洋葱末
和蒜末炒香。

6 放入番茄块翻炒，
加水没过食材，小火
煮20分钟。

7 倒入番茄酱，大火
煮至汤汁浓稠。

8 关火，撒上黑胡椒
粉，搅拌均匀即可。

咖喱酱

⏳ 5分钟　🗑 中等

在炒咖喱酱的过程中，全程小火不停翻炒，这样才能保证咖喱酱不会煳。

咖喱粉200克　洋葱100克　蒜3瓣
椰汁200克　盐1茶匙　白糖3茶匙
无盐奶油50克　食用油适量

➡ 咖喱虾做法见 P40

备注

1 洋葱洗净、蒜去皮，放入料理机中打碎。

2 炒锅烧热，放入洋葱、蒜、无盐奶油和食用油翻炒。

3 加入咖喱粉，小火炒香。

4 加入椰汁、盐和白糖翻炒，至沸腾即可。

泰式甜辣酱

⏳ 10分钟　🏛 简单

用料— 红辣椒粉2汤匙…红辣椒2个
　　　鱼露1汤匙…白糖2汤匙
　　　水淀粉1汤匙

⇨ 泰式甜辣虾做法见P41

烹饪秘籍

甜辣酱做好后装瓶密封，放入冰箱冷藏，可以保存一两个月。

做法

1 红辣椒洗净，切碎末。

2 锅中倒入200毫升水煮沸，放入红辣椒粉、辣椒碎、鱼露、白糖煮沸。

3 水淀粉放入碗中，加水搅拌均匀。

4 将水淀粉倒入煮沸的汤汁中，勾芡即可。

腌虾酱

⏳ 5分钟　🗑 简单

用料 ── 虾酱1汤匙 · 辣椒酱1汤匙 · 大蒜5瓣
白糖1茶匙 · 米酒10克

做法

1 大蒜剥皮，洗净，切末。

2 取一个大碗，将所有材料混合均匀即可。

烹饪秘籍

因为虾酱本身的口感就很黏稠，几乎无颗粒感，因此大蒜切得越细越好，这样才不会破坏口感。

海南鸡酱

 5分钟　 简单

用料— 红辣椒2个…生姜20克…大蒜4瓣
香菜3根…柠檬半个…蚝油2汤匙
白糖1/2茶匙

做法

1 红辣椒切末；生姜洗净、切末；大蒜去皮、切末；香菜洗净、切末。
2 取一个大碗，放入辣椒碎、姜末、蒜末和香菜末。
3 放入其余调料，挤入柠檬汁，加入1汤匙凉白开，搅拌均匀即可。

做好的酱料应当天吃完，隔夜的酱料口味会变差。

海鲜酱

 5分钟　 简单

用料— 大蒜5瓣…红辣椒2个…生抽2汤匙
陈醋1汤匙…白糖1汤匙

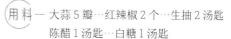 白酒煮花蛤见 P122

做法

1 大蒜去皮、切末；红辣椒切末。
2 取一个碗，放入白糖，加入2汤匙热开水，搅拌均匀至白糖溶解。
3 放入蒜末、辣椒末，倒入生抽、陈醋，搅拌均匀即可。

如果喜欢吃辣的，可以把红辣椒换成小米辣。

香油辣酱

⏳ 5分钟　🗑 简单

用料— 香油3汤匙…辣椒油2汤匙…蚝油1汤匙
陈醋1汤匙…剁椒酱1汤匙…大蒜5瓣
香菜5根…海鲜酱油1汤匙

做法

1 大蒜去皮、切末；香菜洗净、切末。
2 将剁椒酱剁细，这样能让其香气更足。
3 取一个大碗，放入蒜末和香菜末，倒入其他
调料，搅拌均匀即可。

烹饪秘籍

如果不放剁椒酱，还可以
再放2茶匙辣椒油，味道略
轻一些。

牛肉酱

⏳ 10分钟　🗑 简单

用料— 牛里脊肉250克…甜面酱50克
豆瓣酱30克…豆豉50克…白糖1汤匙
五香粉1茶匙…干红辣椒碎3克
食用油适量

做法

1 牛里脊肉洗净，切成小丁，越细越好。
2 炒锅烧热，倒入油，放入干红辣椒碎和豆豉炒
香。放入牛肉碎，炒至牛肉碎变白。
3 放入甜面酱、豆瓣酱、白糖和五香粉，小火翻
炒均匀。翻炒5分钟即可出锅。

烹饪秘籍

牛肉下锅炒香后要转小火，以免烧焦。下入甜面
酱后要不停搅拌，以免煳锅。

香菇肉酱

 10 分钟　　 简单

用料— 鲜香菇 6 朵…猪肉末 200 克…大蒜 5 瓣
生姜 20 克…料酒 1 汤匙
老干妈辣酱 2 汤匙…胡椒粉 1 茶匙
蚝油 1 汤匙…生抽 1 汤匙…白糖 1 汤匙
食用油适量

烹饪
秘籍

一次炒好的香菇肉酱吃不完，可以装进无油无水
的密封盒，放冰箱保存，一周内吃完。

做法

1 香菇洗净、去蒂，
切丁。

2 大蒜剥皮、切末；
生姜洗净、切末。

3 锅烧热倒油，放入
蒜末和姜末炒香。

4 放入猪肉末翻炒，
加入料酒。

5 放入老干妈辣酱翻
炒均匀。

6 加入香菇丁，炒至
出汁。

7 加入胡椒粉、蚝油、
生抽和白糖，翻炒均
匀即可。

南瓜酱

 10 分钟　　簡 简单

用料— 南瓜 500 克…洋葱 100 克…黄油 100 克
淡奶油 200 克…盐 1/4 茶匙

烹饪
秘籍

在熬煮的过程中，酱料可能会四处溅，需要转小
火，并不断搅拌。

做法

1 南瓜洗净，切成小块。

2 放入盘子，盖上一层保鲜膜，
放入微波炉，高火转6分钟。

3 取出南瓜，压成南瓜泥。

4 洋葱去皮、切小丁。

5 炒锅烧热，放入黄油烧化，
加入洋葱丁炒香。

6 倒入南瓜泥、淡奶油、盐和
适量清水，小火熬煮至酱料浓
稠即可。

酱黄豆

⧗ 10分钟　血 简单

主料—黄豆100克

辅料—生抽30克…老抽1汤匙
冰糖20克…干红辣椒5克

烹饪秘籍

如果水煮干了，黄豆还没有熟，就继续加水煮。但切记不要煮得太软烂，否则黄豆会失去嚼劲。

做法

1　黄豆提前一晚用凉水浸泡。

2　将泡黄豆的水倒掉，控干水分。

3　锅中烧开水，将黄豆、干红辣椒、冰糖、老抽和生抽倒入，大火烧开。

4　转小火煮30分钟，煮至汤汁烧干，豆子表皮变皱即可。

韩式泡菜

⏳ 20 分钟　🏛 中等

主料 — 白菜 1 棵…苹果 1 个…梨 1 个

辅料 — 辣椒面 150 克…盐 1 汤匙…生姜 30 克
大蒜 1 头

做法

1 白菜去根，除去外面的老叶子。

2 将白菜洗净，横切开。

3 取一个大盆，放入白菜，在白菜上均匀地撒上盐，腌制一晚至白菜变软。

4 苹果、梨洗净，去皮、去核。

5 分别将苹果和梨放入榨汁机中搅成果泥。

6 生姜去皮、切末；大蒜去皮、切末。

7 将腌好的白菜挤出水分。

8 在白菜的每片叶子上均匀涂抹上辣椒面、姜末、蒜末和果泥。

9 放入无油、无水的密封容器中，再放入冰箱冷藏，腌制3~5天即可食用。

🍳 烹饪秘籍

在涂抹辣椒粉时一定要戴手套，这样可以避免辣椒粉对皮肤产生刺激。

酱萝卜

 20分钟　🏛 简单

主料— 白萝卜半根

辅料— 盐1汤匙…白糖2汤匙…生抽1汤匙
白醋1汤匙

烹饪秘籍

白萝卜最好切成1毫米左右的薄片，这样的厚度，调料的味道很容易进去，腌制后的白萝卜也比较有口感。

做法

1　白萝卜洗净，不要去皮。

2　洗好的白萝卜切薄片。

3　将白萝卜片放入大碗中，放入盐，拌匀腌制30分钟。

4　腌制好的白萝卜片会出水，把水挤干。

5　在白萝卜片中放入1汤匙白糖，腌30分钟，再挤干水分。

6　将处理好的白萝卜片放进保鲜盒。

7　放入1汤匙生抽、1汤匙白糖、1汤匙白醋和7汤匙纯净水，拌匀，盖上盖子，腌制两天即可。

四川泡菜

 20 分钟　中等

主料— 圆白菜 1 个…胡萝卜 2 根…黄瓜 2 根

辅料— 盐 1 汤匙…白糖 2 汤匙…米醋 250 克
干辣椒 6 个…八角 2 个…花椒 10 克

 烹饪秘籍

每次取泡菜时，要用无油无水、完全干净的筷子，否则泡菜会变质。

做法

1　圆白菜洗净，撕成块；黄瓜和胡萝卜洗净，切长条，沥干水分。

2　锅中注入250毫升水，烧开，加入盐、白糖和米醋，搅拌均匀，放凉备用。

3　玻璃密封罐洗净，沥干水分。

4　把圆白菜、黄瓜和胡萝卜放入玻璃罐中。

5　加入步骤2中冷却好的调料水。

6　放入干辣椒、八角和花椒，盖上盖子。

7　放进冰箱，腌制5天即可食用。

八宝酱菜

⏳ 20分钟　　🏛 中等

🔵 **主料** — 黄瓜2根…洋葱1个…尖椒2个
生姜30克…大蒜1头

🔵 **辅料** — 酱油2汤匙…陈醋1汤匙…白酒1茶匙
盐1汤匙…白糖1茶匙

·········· 烹饪秘籍 ··········

黄瓜、尖椒等食材一定要洗干净后彻底晾干，才能进行浸泡这一步骤，这样可以保证食材的存储时间延长，不易变质。

做法

1 黄瓜洗净、切成大约8厘米的长条。

2 尖椒洗净、去蒂，从中间剖开，切段。

3 将切好的黄瓜条和尖椒晾晒一天。

4 酱油、陈醋分别放入锅中加热，凉凉。

5 大蒜剥皮、切片；生姜切片；洋葱去皮、切丝。

6 取一个大盆，放入黄瓜条、洋葱丝和尖椒段、蒜片和姜片。

7 倒入晾凉的生抽和陈醋，再加入白酒、盐和白糖，搅拌均匀。

8 把玻璃保鲜盒放入开水烫30秒消毒，晾干水分，倒入步骤7的材料密封腌制三天即可。

拌牛板筋

⏳ 20 分钟　　🗑 中等

Ⓩ 主料 — 牛板筋 1 根

Ⓕ 辅料 — 辣椒粉 1 汤匙…白糖 1 茶匙…盐 1 茶匙
花椒粉 1/2 茶匙…孜然粉 1/2 茶匙
香油 1 茶匙…料酒 1 汤匙…大蒜 3 瓣
生姜 20 克…食用油适量

........🍴 烹饪 ....
　　秘籍

刮掉牛板筋的筋膜是为了切的时候更好操作，否
则牛板筋表层的脂膜会滑刀。

做法

1　牛板筋清洗干净。

2　锅中烧开水，放入
牛板筋，加入料酒，
煮开后，转小火煮50
分钟。

3　煮好的牛板筋自然
冷却。

4　用刀将牛板筋上面
的脂膜刮干净。

5　将牛板筋斜切成大
薄片。

6　大蒜剥皮、切末；
生姜洗净、切末。

7　炒锅烧热放油，放
入蒜末和姜末炒香。转
小火，加入辣椒粉、白
糖、盐、花椒粉、孜然
粉和香油翻炒后关火。

8　待炒好的料冷却后，
倒入切好的牛板筋中，
拌匀即可食用。

辣拌桔梗

 20 分钟　　中等

主料— 桔梗干 100 克

辅料— 韩式辣酱 1 汤匙…辣椒粉 1 汤匙
酱油 1 汤匙…白醋 2 汤匙…香油 1 茶匙
盐 2 茶匙…大蒜 3 瓣…生姜 20 克

烹饪秘籍

如果桔梗干很粗，可以用手把桔梗干撕开，更方便在腌制的时候入味。

做法

1 桔梗干用清水洗两三次。

2 洗好的桔梗放到冷水中浸泡8~10小时。

3 泡好的桔梗用盐搓洗1分钟，再清洗一遍。重复2次。

4 将洗好的桔梗沥干水分。

5 姜洗净、切末；大蒜去皮、切末，一同放入大碗中。

6 加入韩式辣酱、辣椒粉、酱油、白醋和香油搅拌均匀。

7 将桔梗放入酱料中，戴上手套，用力揉搓、搅拌均匀。

8 拌好的桔梗可以立即食用。

酱鹌鹑蛋

⏳ 20 分钟　🏛 中等

主料— 鹌鹑蛋 500 克

辅料— 老抽 1 汤匙…生抽 3 汤匙…白酒 1 汤匙
　　　白砂糖 1 汤匙…青辣椒 4 个
　　　洋葱 1/2 个…生姜 30 克…大蒜 5 瓣

烹饪秘籍

如果买不到青辣椒，可以用干红辣椒代替。

做法

1　鹌鹑蛋凉水下锅，水沸腾后再煮5分钟，捞出，过一遍凉水，剥壳。

2　洋葱去皮切片；大蒜剥皮；生姜洗净、切片；青辣椒洗净。

3　锅中烧开水，倒入老抽、生抽、白砂糖和白酒，搅拌至白糖溶化。

4　煮沸后放入洋葱、大蒜、生姜，小火煮10分钟。把所有配料捞出，只留下汤汁。

5　放入鹌鹑蛋，大火煮开，转中火煮至鹌鹑蛋变色。

6　放入青辣椒，大火煮开，关火，放凉后即可食用。

芝麻小银鱼

 40 分钟　　中等

主料— 银鱼干 250 克

辅料— 生抽 1 汤匙…熟白芝麻 1 茶匙
生姜 30 克…大蒜 5 瓣…油适量
盐适量

 烹饪秘籍

在蒸小银鱼干时，要在上面盖一层保鲜膜，保留住银鱼的水分。

做法

1　将银鱼干清洗干净。蒸锅烧开水，放入银鱼干，上锅蒸30分钟。

2　大蒜剥皮、切末；生姜洗净、切末。

3　炒锅烧热放油，放入蒜末和姜末炸至金黄色。

4　放入蒸好的小银鱼，翻炒至金黄色，收干水分。

5　倒入生抽翻炒均匀。

6　出锅前撒上盐和熟白芝麻拌匀，即可食用。

三杯小酱瓜

⏳ 15分钟　🏛 简单

 黄瓜2根　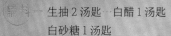 生抽2汤匙　白醋1汤匙
白砂糖1汤匙

 烹饪秘籍

黄瓜除了切薄片，也可以切小段，这样腌制好的小酱瓜口感更好。

做法

1　锅中放入生抽、白醋和白砂糖，小火煮至白糖全部溶化，关火放凉。

2　黄瓜洗净，切薄片。

3　锅中烧开水，关火，放入玻璃保鲜盒烫30秒，消毒。

4　玻璃保鲜盒晾干至完全没有水渍。将小黄瓜放入保鲜盒中。倒入晾凉的汤汁，腌制一夜即可食用。

图书在版编目（CIP）数据

好食光. 超简单下饭菜 / 萨巴蒂娜主编. —北京：
中国轻工业出版社，2023.8

ISBN 978-7-5184-4478-6

I. ①好… II. ①萨… III. ①菜谱 IV. ① TS972.12

中国国家版本馆 CIP 数据核字（2023）第 132419 号

责任编辑：杨　迪　　　　　责任终审：劳国强　　整体设计：锋尚设计
策划编辑：张　弘　杨　迪　责任校对：朱燕春　　责任监印：张京华

出版发行：中国轻工业出版社（北京东长安街6号，邮编：100740）

印　　刷：北京博海升彩色印刷有限公司

经　　销：各地新华书店

版　　次：2023年8月第1版第1次印刷

开　　本：710×1000　1/16　印张：12

字　　数：200千字

书　　号：ISBN 978-7-5184-4478-6　定价：49.80元

邮购电话：010-65241695

发行电话：010-85119835　传真：85113293

网　　址：http://www.chlip.com.cn

Email：club@chlip.com.cn

如发现图书残缺请与我社邮购联系调换

230464S1X101ZBW